인공지능, 너 때는 말이야

인공지능, 너 때는 말이야

지은이 정동훈
펴낸이 임상진
펴낸곳 (주)넥서스

초판 1쇄 발행 2021년 7월 26일
초판 7쇄 발행 2022년 10월 25일

출판신고 1992년 4월 3일 제311-2002-2호
10880 경기도 파주시 지목로 5
Tel (02)330-5500 Fax (02)330-5555

ISBN 979-11-6683-117-1 44500

이 저서는 2020년도 광운대학교 연구년에 의하여 발간되었습니다.
www.nexusbook.com

인공지능,

정동훈 지음

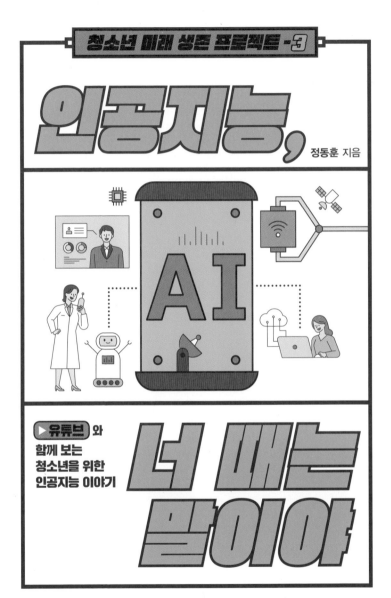

▶ 유튜브 와
함께 보는
청소년을 위한
인공지능 이야기

너 때는
말이야

넥서스

디지털 트랜스포메이션 시대의
주인공이 될 석현과 석찬에게
이 책을 바칩니다.

디지털 트랜스포메이션 시대의 주인공인 여러분을 위한 이야기

지난 2020년 11월, 교육부는 인공지능 시대 교육 정책 방향과 핵심 과제를 발표했습니다. 이 자리에서 교육부는 2022년부터 개정되는 교육 과정의 핵심 역량을 설명하고, 이를 위한 교육 과정이 어떻게 변화하는지 소개했습니다.

교육부는 미래 교육을 위해 공교육이 맡아야 할 주요 역할을 인공지능 시대에 스스로 자신의 미래를 개척하고, 존엄성을 중시하는 윤리적 태도를 갖춘 사람을 길러내는 것으로 정했습니다. 그러면서 유치원부터 놀이를 통한 인공지능 교육을 시작하고, 초중고등학교에서는 프로그래밍, 인공지능 기초 원리와 활용 등 인공지능 교육을 본격적으로 실행하는 계획을 밝혔습니다.

이러한 교육부의 발표 내용은 평소 제가 생각했던 관점과 매우 유사한 접근이기에 꽤나 반가웠습니다. 이 책의 핵심 가치이기도 한 인공지능과 관련된 제 생각은 두 개로 정리할 수 있습니다. 첫째, 인공지능 시대에 가장 먼저 해야 할 것은 여러분이 가장 좋아하고, 잘하고, 행복할 수 있는 일이 무엇인지 찾는 것입니다.

인공지능 시대라는 의미는 우리가 하는 대부분의 일에 인공지능이 적용되는 때를 말합니다. 금융, 상거래, 의료, 보안, 교육, 제조, 농업, 모빌리티 등 효율성을 극대화하기 위해서 비용이 가장 많이 드는 분야부터 인공지능 기술은 차례로 적용될 것입니다. 단순 업무는 물론이거니와 복잡한 계산과 추론, 예측 등 대부분의 과정에서 인공지능은 인간보다 더 뛰어난 성과를 보일 것입니다. 내가 일하는 분야에 인공지능이 적용되는 것은 시간문제일 뿐, 그 필연성을 의심할 필요는 없습니다.

이런 상황에서 가장 중요한 것은 내가 누구인지 깨닫는 것입니다. 대학에 있으면서 매년 수십 명씩 면담을 하곤 합니다. 우리 학과 학생도 있지만, 제가 가르치는 수업 중 하나는 타 학과 학생이 약 30% 정도를 차지하는 대형 강의이기 때문에, 전공을 불문하고 많은 친구들이 그들의 고민거리를 들고 찾아오곤 합니다. 우리 학생들이 가장 심각하게 고민하는 것은 무엇을 하며 살아야 하는지 목표를 설정하지 못하는 것이었습니다.

자신이 정말 좋아해서 PD나 기자가 되기 위해 우리 학과를 선택해 들어왔지만, 1년이 채 지나지 않아 자기에게 맞지 않는 옷이었다고 고백하는 친구들이 정말 많습니다. 타 학과 학생의 경우는 2학년이나 3학년이 되어서 전공을 바꿔 우리 학과로 오는 것에 대한 상담을 하곤 합니다.

인공지능 시대를 준비한다고 해서 무조건 인공지능 기술이 가장 중요하고, 이것을 배워야 한다는 생각은 잘못된 접근입니다. 인공지능 시대를 준비하기 위한 첫 번째 과정이자, 가장 중요한 과정은 바로 내가 좋아하고, 잘하는 일을 찾는 것입니다.

두 번째는 인공지능 기술의 적용입니다. 유치원부터 놀이를 통해 인공지능이 무엇인지 배우고, 초중고등학교 때는 프로그래밍을 배운다면, 고등학교 졸업 후에는 자신이 원하는 결과물을 만들어낼 수 있을 것입니다. 즉, 앞에서 얘기한 내가 누구인지 깨닫고, 내가 좋아하는 일을 찾기만 한다면, 그 이후에는 이러한 인공지능 기술을 적용해서 자신이 가장 좋아하고 잘하는 일을 하면서 살 수 있는 길이 열릴 수 있는 것입니다.

디지털 사회에서 정보 및 기술 활용 능력의 차이로 발생하는 정보 격차를 디지털 디바이드(Digital Divide)라고 합니다. 그런데 저는 앞으로 코딩 디바이드, 인공지능 디바이드와 같은 새로운 용어가 일반화될 것으로 예상합니다. 과거에 글을 읽지 못하는 사람을 칭하는 것처럼 새로운 시대에는 새로운 기술을 사용할 수 없는 사람들을 일컫는 용어로, 특히 코딩과 인공지능에 관련된 능력 차이를 강조한 새로운 용어가 생길 것 같습니다.

여러분이 지금 고등학교, 대학, 또는 사회에서 빅 데이터와 프로그래밍을 남의 일인 것처럼 간주하다가는, 언제 갑자기 코딩 디바이드, 인공지능 디바이드 시대가 되어 코딩 문맹자, 인공지능 문맹자가 될 수도 있을 것입니다. 2018년에 중학교 1학년부터 소프트웨어 교육을 의무화한 데 이어, 2019년에는 초등학교 5, 6학년까지 대상을 확대했는데, 앞으로는 인공지능 교육 역시 이렇게 모든 학생이 배우는 수업으로 진행될 것입니다.

물론 제가 지금 드리는 말씀은 지나치게 과장될 수도 있음을 고백합니다. 기술의 발전은 모든 사람이 반드시 그 기술을 알지 못해도 잘살 수 있도록 만드는 방향으로 진행될 것이기 때문에, 설령 내가 인공지능 기술을 모른다고 하더라도 큰 문제가 없을 것입니다. 그러나 직업의 관점에서 봤을 때, 이러한 기술을 잘 모르고 좋은 직업을 가지기란 쉽지 않을 것 같습니다. 의사나 변호사가 굳이 프로그래밍을 할 필요가 없듯이, 직업마다 고유한 특징이 있기 때문에 획일적으로 빅 데이터나 인공지능 기술을 모든 사람이 알아야 한다고 말할 수는 없습니다. 그러나 많은 업종에서 앞으로 이러한 기술을 다룰 수 있는 사람을 필수적으로 고용할 수밖에 없고, 그 분야는 매우 넓을 것입니다.

1권 미디어, 2권 가상현실(콘텐츠)에 이어, ≪너 때는 말이야≫ 시리즈 3권은 디지털 트랜스포메이션 시대의 핵심 기술인 인공지능에 대해 쉽고 재미있게 사례를 통해 설명하고 있습니다. 여러분이 전혀 예상하지 못한 분야에서 빅 데이터와 인공지능 기술이 어떻게 적용되고 있는지 확인해보시기 바랍니다. 그리고 이러한 사례를 통해, 여러분이 즐거워하는 일에 어떻게 적용할 수 있을지 마음껏 창의력을 발휘해보시기 바랍니다.

앞의 시리즈에 이어 이번 책에서도 MZ 세대의 눈높이에 맞는 책으로 만들기 위해 여러분들 또래인 김명지, 김효리, 이서윤, 이영현, 황수미 학생이 이 책의 모든 내용을 꼼꼼히 읽고, MZ 세대에게 가장 적합한 단어, 문장, 예시를 사용하도록 조언을 해주었습니다. 이 책이 나올 수 있도록 많은 도움을 준 친구들에게 헤아릴 수 없는 고마운 마음을 전합니다.

이 책은 제 두 아이인 고등학생 석현이와 중학생 석찬이, 그리고 제가 가르치는 학생들에게 평소에 한 이야기를 모은 글입니다. 아이들과 집에서 한 이야기이기도 하고, 수업시간에 학생들에게 한 강의이기도 합니다. 제가 할 수 있는 모든 정성과 노력을 이 책에 담아 독자 여러분께 전하고 싶었습니다.

부디 이 책을 통해 여러분이 새롭게 펼쳐질 디지털 트랜스포메이션 시대의 주인공이 되기를 간절히 바랍니다. 고맙습니다.

정동훈

차례

▶ PART 1　데이터가 쌓이면, 인공지능이 만든다

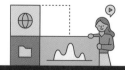

▶ PART 2　　인공지능, 넌 못 하는 게 뭐니?

▶ PART 4 　나를 발견하고, 인간을 탐구한 후에 인공지능을 배우자

본문의 QR코드를 통해
동영상 보는 법

1. 스마트폰에 QR코드를 볼 수 있는 앱을 설치하십시오.
   또는 다음이나 네이버 앱에서도 QR코드를 읽을 수 있습니다.

네이버 앱 사용법

① 네이버 앱을 켭니다.
② 검색어 창을 터치합니다.
③ 오른쪽 하단에 있는 카메라 모양의 아이콘을
   터치합니다.
④ 카메라가 켜지면 아랫 부분에 'QR/바코드'가
   있는데, 이 부분을 터치합니다.
⑤ 책에 있는 QR코드를 비춥니다.

다음 앱 사용법

① 다음 앱을 켭니다.
② 검색어 창 오른쪽에 보면 아이콘이 있습니다.
   아이콘을 터치하세요.
③ 검색어 창 밑에 네 개의 아이콘이 뜨는데, 이 중
   '코드검색'을 터치하세요.
④ 책에 있는 QR코드를 비춥니다.

2. 영어 동영상의 경우 동영상 창에서
   '설정 ❿ 자막 ❿ 영어(자동생성됨)
   ❿ 자동번역 ❿ 한국어 선택'을 하면
   한국어 자막을 볼 수 있습니다.

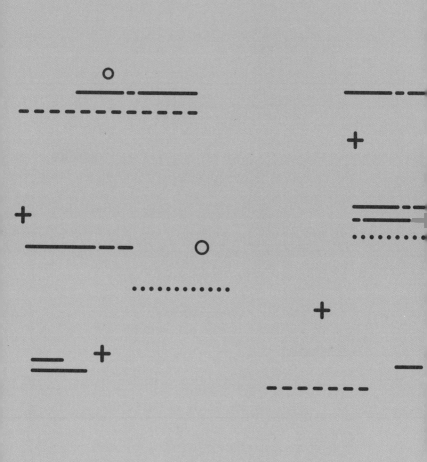

PART 1

데이터가
쌓이면,
인공지능이
만든다

돈이 될 것인가, 쓰레기가 될 것인가?
데이터의 운명

▶ 하루 250경 바이트의 데이터가 만들어지다

전 세계에서 하루에 만들어지는 데이터의 양은 어느 정도가 될까요? 가늠이 될지 모르겠지만 약 250경 바이트 (2,500,000,000,000,000,000bytes) 정도로 추산합니다. 더 놀라운 것은 전 세계에서 만들어진 데이터 중 약 90%는 2016년과 2017년, 단 2년 동안 만들어졌다는 것입니다(Marr, 2018). 이후 업데이트가 안 돼서 그렇지, 모르긴 몰라도 이러한 기록은 매년 갱신될 것으로 예상합니다. 데이터를 잡아먹는 새로운 서비스가 매해 쏟아지기 때문이죠.

이렇게까지 많은 양의 데이터가 만들어진 주된 원인은 소셜 미디어와 동영상 서비스를 들 수 있습니다. 페이스북이나 틱톡, 유튜브와 넷플릭스 등의 소셜미디어와 OTT로 전송되는 글과 사진, 동영상의 양이 기하급수적으로 늘어가면서 매일 만들어지는 데이터의 양이 상상을 초월할 정도로 많아지게 된 것이죠.

언젠가부터 빅 데이터(Big Data)란 말을 유행처럼 사용하기 시작했습니다. 인터넷이 확산되고, 모든 것이 디지털화되면서 그만큼 데이터의 양이 많아졌기 때문이죠. 빅 데이터는 대용량 데이터를 수집·처리·분석해서 가치 있는 정보를 만들어내는 전 과정을 의미합니다. 조금 어렵죠? 그냥 데이터 양이 많은 것으로 알았는데, 결과도 아닌 과정이라니. 그러면 빅 데이터의 의미를 더 자세히 알아볼까요?

먼저 빅 데이터는 대용량의 데이터를 의미합니다. 말 그대로 데이터의 양(Volume)이 많다는 의미죠. 그런데 빅 데이터를 데이터의 양으로만 평가한다면 그 의미를 제대로 전달하지 못할 듯합니다. 데이터는 양뿐만 아니라 더 중요한 의미도 많이 있거든요. 우선 정확히 양을 정하지는 않았지만 충분한 가치를 뽑아낼 수 있는 많은 양을 가정합니다. 적어도 테라바이트(Terabyte, 10^{12}) 이상은 돼야 한다고 주장하는 사람도 있지만, 저는 빅 데이터가 특정 숫자 이상이 돼야 한다고 말하는 것은 진정한 빅 데이터의 정의가 될 수 없다고 생각합니다. 그보다는 빅 데이터가 가진 다른 특징을 골고루 충족하는 것이 더 중요합니다.

두 번째는 속도(Velocity)입니다. 대용량의 데이터를 수집하고, 처리해서, 분석할 수 있는 빠른 속도가 필요합니다. 빠른 속도로 수집돼 가공할 수 있는 실시간 데이터라면 더 좋겠죠. 상암동 월드컵 경기장에서 한국과 일본의 월드컵 최종예선 축구 경기가 열린다고 생각해보죠. 월드컵 최종예선에 한일전인 만큼 전국이 난리가 나겠죠? 국가대표 주요 경기는 텔레비전으로 보는 사람들도 많지만, 서울시청 앞이나 성남 야탑역 중앙광장, 울산 북구청 광장, 광주 하늘마당, 거제시 옥포동 수변공원 등 거리 응원을 즐기는 사람들도 많습니다. 시합은 저녁 8시지만 사람들이 오전부터 몰려들겠죠. 사람이 이렇게 모여들면 보는 사람은 즐겁지만, 지방자치단체, 경찰, 통신사, 청소부 등 공무원과 기업들은 촉각을 곤두세웁니다. 공무원은 사고가 나지 않게 긴장 상태이고, 기업은 자사의 서비스가 문제가 생기지 않도록, 그리고 이런 기회를 통해서 자사의 브랜드 가치를 높이기 위해 많은 투자를 합니다.

사람이 모이면 데이터가 쌓이겠죠? 이 데이터를 실시간으로 사용할 수 있을 경우와 일주일 뒤에 받아볼 수 있을 경우를 비교해보면 데이터의 가치는 어떤 차이를 가질까요? 만일 실시간으로 데이터를 받아서 처리·분석할 수 있다면 즉각적으로 대처를 해서 문제를 미연에 방지하고, 더 좋은 서비스를 할 수 있을 겁니다. 사람들이 몰려들면, 차량을 미리 통제해서 길거리 응원단이 더 넓게 자리할 수 있도록 하겠죠. 교통량을 분산시키기 위해 도시의 차량 운행시스템을 수정할 겁니다. 경찰과 청소부, 임시 화장실의 숫자도 늘릴 겁니다. 통신사는 기존에 한 대만 투입했던 통신용 차량을 늘리겠죠. 많은 사람이 동시에 접속해서 통신이 끊기기라도 한다면 두고두고 욕먹을 테니까요. 이게 바로 데이터 속도 처리의 중요성입니다.

다음은 다양성(Variety)입니다. 저는 빅 데이터의 가장 중요한 속성을 다양성이라고 생각합니다. 우리가 데이터라고 생각하면 대표적으로 숫자를 생각합니다. 엑셀 스프레드 시트에 작성하는 숫자. 그런데 데이터는 숫자와 같은 정형 데이터 (Structured Data)뿐만 아니라, 비정형(Unstructured), 반정형 (Semi-Structured) 데이터를 모두 포함합니다. 비정형 데이터는 숫자처럼 정형화되지 않은 글자, 사진, 음성, 동영상 등을 말합니다. 이런 것도 데이터냐고요? 물론입니다. 매우 중요한 데이터입니다. 인공지능으로 새로운 서비스를 만들기 위해서는 비정형 데이터가 훨씬 더 필요합니다. 자율주행 프로그램, 음성인식 프로그램, 보안 프로그램 등 이 모든 것이 바로 비정형 데이터를 활용한 것입니다. 반정형 데이터는 형태는 있지만, 연산이 불가능한 데이터를 말합니다. 이해하기 어렵고 지금 여러분에게는 중요한 것도 아니므로 그냥 넘어가겠습니다.

다음은 가치(Value)입니다. 데이터는 가치를 만들어낼 수 있어야 합니다. 데이터 자체는 소음도 될 수 있고 정보도 될 수 있습니다. 어떻게 정보로 만들어낼 수 있느냐가 관건이겠죠. 세상에 셀 수 없이 많은 데이터가 존재하지만 우리는 대부분 이것을 내버려두고 있습니다. 소음을 정보로 만드는 일, 쓰레기를 돈으로 만드는 일, 바로 여러분들이 해야 할 일입니다.

▷ 잘 만든 데이터 생태계, 열 삼성 안 부럽다!

이미 출판된 《미디어, 너 때는 말이야》와 《가상현실, 너 때는 말이야》에서 우리는 5G와 같은 네트워크의 중요성을 배웠습니다. 네트워크는 인프라입니다. 우리가 어느 곳에서도 전기를 마음껏 쓸 수 있는 이유는 전선이 곳곳에 뻗어 있기 때문이죠. 발

반정형 데이터의 대표적인 예인 HTML(그림 1)

전소에서 만들어진 전기는 전선을 통해 우리 집, 학교, 회사로 옵니다. 네트워크는 바로 전선의 역할을 합니다. 지금은 별 필요가 없는 것처럼 보이는 5G 네트워크를 빨리 설치하려는 이유는 이렇게 사회 곳곳에 네트워크가 깔려야 있어야 그 이후에 무언가를 할 수가 있기 때문입니다.

전선에 전기가 흐르고, 송수관에 물이 흐르듯, 네트워크에 흐르는 것이 바로 데이터입니다. 우리가 전기로 컴퓨터를 켜고, 불을 밝히며, 물로 목욕을 하고 농사를 짓듯이, 네트워크에 흐르는 데이터로 비즈니스도 하고, 공공 성격의 활동을 하는 등 다양한 활동을 할 수 있는 것입니다. 우리가 건강하게 살기 위해서 인프라가 충족해야 하듯이, 데이터도 데이터 인프라가 잘 이루어져야 합니다. 이것을 데이터 생태계(Data Ecosystem)라

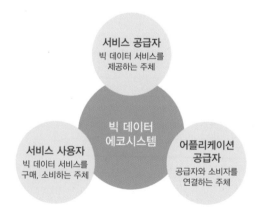

빅 데이터 생태계. 이 모든 것이 골고루 발전해야 빅 데이터 산업이 성장할 수 있습니다.(도표 1)

고 합니다. 질 좋은 데이터를 수집해서, 응용한 후, 부가가치를 극대화시키는 것이죠. 같은 데이터지만 부가가치를 얼마만큼 이뤄낼 수 있느냐가 핵심입니다.

세계적인 컨설팅 업체인 맥킨지(McKinsey & Company)는 2011년 스마트 혁명의 시기에 빅 데이터를 혁신과 경쟁력 강화, 생산성 향상을 위한 중요한 원천으로 꼽았고(Manyika, Chui, Brown, Bughin, Dobbs, Roxburgh, & Byers, 2011), 역시 세계적인 IT 시장 조사 기관이자 자문기관인 가트너(Gartner)는 2013년 10대 전략 기술 트렌드 중 하나로 빅 데이터를 꼽았습니다. 이 밖에도 4차 산업혁명 시대의 주인공으로 빅 데이터를 꼽은 기관은 셀 수 없이 많습니다. 빅 데이터를 21세기의 석유로 부르며 4차 산업혁명 시대의 주요 자원으로 보는 거죠. 하지만 빅 데이터의 중요성을 이미 10년도 넘은 과거부터 강조해왔는데 그 결과물이 딱히 눈에 띄지 않습니다.

이유는 간단합니다. 중요성은 알고 있는데, 데이터 생태계를 만들기 위해서는 많은 시간이 들기 때문입니다. 자연의 생태계를 구성하는 수많은 요소가 있는 것처럼, 데이터 생태계에도 많은 참여자가 있습니다. 먼저 정부와 민간 영역으로 나눌 수 있겠죠. 정부는 공공데이터를 관리하고, 민간은 자사의 비즈니스를 통해 만든 데이터를 관리하죠. 하지만 이렇게 공공과 민간 영역에 있는 데이터가 각각 따로 운영된다면 아무래도 효과가 많이 떨어지겠죠? 그래서 특히 공공데이터를 개인정보침해에 대한 우려 없이 가능한 한 민간 영역으로 내보내려는 시도를 합니다. 2009년 당시 고등학생이던 한 학생이 서울과 경기 지역의 '노선버스 도착 안내 정보'를 활용해 개발한 '서울버스' 애플리케이션이 대표적인 예입니다. 공공데이터를 활용해 서비스를 만든 것이죠.

다음은 빅 데이터의 과정을 살펴볼까요? 앞에서 말했지만 빅 데이터는 결과가 아닌 과정입니다. 데이터를 만들어서, 수집하고, 축적한 후에, 가공해서, 가치를 만들어내는 과정이죠. 이 모든 단계에서 사람과 시스템이 필요합니다. 데이터는 일일이 사람이 만들 수 없습니다. 센서가 그 역할을 하죠. 우리가 생활하는 곳곳에 센서가 부착될 것입니다. 그래서 2025년경에는 센서 1조 개의 시대가 될 것으로 얘기합니다. 조명을 켰는지, 껐는지, 사람이 몇 명 지나다녔는지 센서는 데이터를 만듭니다. 이렇게 만든 데이터는 차곡차곡 쌓이게 되죠.

이렇게 수집된 데이터는 어딘가에 보내야겠죠? 통신 기술이 이때 실력을 발휘합니다. 수집된 데이터를 서버에 보내는 것이죠. 서버에 보내진 데이터는 관리가 잘돼야 합니다. 은행에서 돈을 안전하게 보관하듯이, 서버는 데이터를 안전하게 보관해야 합니다. 따라서 보안 전문가가 필요합니다.

빅 데이터의 모든 단계마다 독립적인 인력이 필요하고 시스템이 필요합니다. 생각만 해도 이러한 시스템을 만드는 게 어렵다는 것을 알 수 있죠. 그래서 빅 데이터의 중요성을 일찌감치 파악하고 있었음에도 불구하고, 빅 데이터 생태계를 만들지 못한 것입니다. 앞으로도 많은 시간이 필요합니다. 빅 데이터의 중요성을 강조하는 것만큼 오랜 시간이 걸릴 겁니다. 그래서 디지털 트랜스포메이션(Digital Transformation)의 주인공이 될 MZ 세대에게 빅 데이터의 중요성을 강조하는 것입니다.

현재 가장 큰 문제는 빅 데이터 전문가가 많지 않다는 것입니다. 한 분야가 성장하기 위해서는 무엇보다도 인력이 가장 중요합니다. 사람을 키워야 하는 것이죠. 빅 데이터건 인공지능이건 4차 산업혁명에 관련된 산업은 이제 막 시작했습니다. 그래서 제가 《너 때는 말이야》 시리즈를 통해서 여러분이 좋아하고 잘하는 것에 더해서 빅 데이터와 인공지능과 같은 기술을 어떻게 접목할 것인가를 소개하고 있는 것입니다. 스마트폰 산업에 여러분이 막 진입한다면 여러분은 그 산업군에서 가장 초짜 신입 직원일 것입니다. 그러나 4차 산업 관련 직종은 모두가 초짜배기입니다. 이제 막 시작했기 때문에 20년 경력직도 10년 경력직도 여러분과 그리 큰 차이가 없습니다. 게다가 여러분은 무엇보다도 통통 튀는 아이디어가 있습니다. 나이와 경력에 상관없이 여러분이 당당한 경쟁자가 될 수 있는 것이죠. 4차 산업혁명 시대의 주인공은 MZ 세대입니다. 바로 여러분이죠. 4차 산업혁명 시대는 여러분을 기다리고 있습니다.

▷ 공공데이터로 부자 되기

빅 데이터 환경은 우리가 살고 있는 이 세계를 변화시키고 있습니다. 기업뿐만 아니라 정부, 공공기관 등 기존에도 데이터를 활용했던 조직은 물론 그렇지 않았던 조직도 이 데이터를 활용해서 조직의 효과성과 효율성을 증진시키려 하고 있죠.

데이터는 무궁무진합니다. 문제는 이러한 데이터가 버려지고 있다는 것입니다. 사람들이 길을 걸어 다니는 것도 데이터입니다. 이런 것도 데이터로 쓸모가 있을까요? 물론입니다. 엄청난 부가 숨어있죠. 동네 곳곳에 있는 치킨 가게를 생각해볼까요? 여러분이 가게를 새로 연다면 어디에 열겠습니까? 당연히 유동 인구가 많은 곳에 열겠죠. 사람이 많아야 지나가다 들리든, 약속 장소로 들리든 어쨌든 손님이 올 테니까요. 그런데 이런 곳은 임대료가 비쌉니다. 사람이 많은 것을 돈으로 환산해서 임대료로 책정하는 것이죠. 데이터의 가치가 새롭게 만들어지는 것입니다.

조금 깊게 생각해보면 알겠지만 이러한 데이터는 공공적 성격이 강합니다. 개인이 자기 집이나 빌딩에 설치한 CCTV는 별 가치가 없지만, 정부나 지방자치단체가 곳곳에 설치한 CCTV를 다 모아두면 엄청난 데이터가 되고 이것은 어떻게 사용하느냐에 따라 큰 가치를 갖습니다. 수많은 CCTV를 이어서 보면 시간과 공간 모두를 기록할 수 있습니다. 빅 데이터죠. 잘 이해가 안된다면 경찰이 범인을 잡는 과정을 통해 설명해보겠습니다.

PC방에서 범죄를 저지른 범인이 있다고 합시다. 어떻게 이 범인을 잡을까요? 먼저 PC방 안과 밖에 있는 CCTV를 분석해서 인상착의를 확인합니다. 그런 후에 그 범인의 이동경로에 있는 CCTV를 모두 조사합니다. 참고로 2017년 기준 우리나라 공공기관에서 설치한 CCTV의 숫자가 약 100만 대입니다. 민간이 설치한 것까지 따지면 적어도 대도시에는 몇 미터마다 한 대는 있다고 봐도 문제없겠죠? CCTV가 없는 건물은 없으니까요. 버스에 탔다면 버스의 CCTV를 조사하면 되고, 지하철을 탔다면 지하철 CCTV를 통해 이동 경로를 살펴보면 됩니다. 승용차를 탔다면 더 쉽죠. 자동차 번호판을 판별해서 소유자를 찾을 수 있으니까요. 그래서 대도시에서 범죄자를 잡는 것은 시간문제지, 거의 잡을 수 있다고 경찰은 말합니다.

다시 본론으로 돌아와서 공공 성격의 데이터에 대해 얘기해보겠습니다. 정부와 지방자치단체는 이러한 데이터의 중요성을 인식하고, 민간 영역에서 이러한 데이터를 가치 있게 쓰게끔 공개하고 있습니다. 아직 모든 데이터를 공개하는 것은 아니고, 설령 공개한다고 해도 그 데이터가 잘 정리가 돼있는 것도 아니지만 공공데이터는 민간에게 점점 더 많이 공개되고 있습니다.

2021년 기준 5만 5천 건 이상의 공공데이터를 제공하는 공공데이터포털(그림 2)

공공데이터포털(https://www.data.go.kr)이 대표적인 사례입니다. 공공데이터포털은 공공기관이 갖고 있는 공공데이터를 제공합니다. 이러한 것을 데이터 개방성이라고 합니다. 쉽고, 편리하게 이용할 수 있도록 파일 데이터, 오픈 API, 시각화 등 다양한 방식으로 제공하죠. 이 말은 여러분이 결과 데이터를 얻을 수도 있지만, 가공되지 않은 데이터를 구해서 여러분이 원하는 방식으로 가공해서 가치를 만들 수도 있다는 것을 의미합니다. 데이터 개방성은 많은 장점을 갖고 있습니다. 실제 활용 사례를 통해서 그 의미를 이해해볼까요?

정부에서는 매년 범정부 공공데이터 활용 창업경진대회(https://www.startupidea.kr)를 개최합니다. 많은 훌륭한 작품이 있지만 이 자리에서는 가장 흥미로운 두 개 사례만 소개하려고 합니다. 먼저 2020년 대통령상 수상작인 어린이 식단영양관리 서비스 '쑥쑥'입니다. 이 서비스는 식품의약품안전처(식약처)의 공공데이터인 식품영양성분 DB와 유통 바코드 연계 데이터를 활용해서 어린이집 등의 식단 영양관리 플랫폼 개발을 제안했습니다. 부모님은 우리에게 안전한 먹거리를 챙겨주기 위해 정말 많은 노력을 하십니다. 아침이나 저녁 한 끼 잘 챙기기 위해 마트에서 신선한 재료를 사다가 정성스럽게 만들어주시죠. 그런데 어린이집이나 유치원에 아이들을 보낼 경우 근심이 많습니다. 꽃 같은 우리 아이가 제대로 먹는지 걱정이 되죠. 이 또래의 아이를 가진 부모님께 가장 큰 걱정거리를 묻는다면 대표적인 답변이 먹거리일 것입니다. 그래서 '쑥쑥'은 영유아 보육 시설의 식자재 정보와 식단 알림장 등을 제공하고, 이 먹거리를 위한 식자재 직거래 장터를 운영하는 등 어린이 식단 영양 관리 서비스를 제공한다는 아이디어 기획을 했습니다. 영유아 보육 시설에 아이를 보내는 부모님들이 너무나 좋아하지 않을까요?

더욱 놀라운 것은 이 아이디어를 기획한 팀이 대학생 두 명으로 구성됐다는 점입니다. 여러분의 친구들이 공공데이터를 활용해서 영유아 아이들과 부모님, 그리고 어린이집과 유치원을 위한 서비스를 기획했다는 점이 놀랍지 않나요? 저는 이 책을 읽고 있는 MZ 세대 여러분 모두 이런 결과물을 가져올 수 있는 잠재력이 있다고 생각합니다. 아직 여러분의 잠재력을 어디에 활용해야 할지 모르는 여러분께 이 책은 아이디어와 새로운

2018년 범정부 공공데이터 활용 창업경진대회 최우수상 수상작 '우옥션' 사이트(그림 3)

길을 제공할 것입니다. 다양한 사례를 통해 여러분의 꿈을 찾기를 바랍니다.

다음은 저처럼 고기를 좋아하는 사람들을 위한 서비스입니다. 2018년에 최우수상을 받은 소고기 온라인 경매 '우옥션(Woo Auction)'인데요. '우옥션'은 우시장, 도축장, 경매, 가공장, 도매상, 소매상, 소매점 등 많게는 여덟 단계를 거치며 우리 식탁에 오르는 소고기의 유통시스템을 농가에서 소비자 직거래로 바꿔 놀랍도록 싼 가격으로 소고기를 제공합니다. 듣기만 해도 너무 좋지 않나요? 품질 좋은 우리 한우를 싸게 먹을 수 있다니! 이 아이디어는 현재 앱과 웹으로 구현돼 사업이 진행되고 있습니다. 데이터 전문가, IT 개발자, 축산 유통 전문가 등 단 네명의 전문가가 이 사업에 참여하고 있는데, 기본적으로 데이터를 기반으로 하는 비즈니스 영역은 많은 인력보다는 소수의 전문가 핵심 역량을 개발하는 방식으로 진행하고 있어 1인당 매출액이 다른 영역에 비해 매우 크다는 장점을 갖습니다. 이처럼 공공데이터를 활용한 사업화는 지금 활발하게 시행 중입니다. 데이터는 여러분의 참신한 아이디어를 기다리고 있습니다.

참고로 '범정부 공공데이터 활용 창업경진대회'는 매년 개최됩니다. 봄에 각 기관별 예선을 거쳐, 여름과 가을에 각 기관에서 우수한 성적을 받은 팀이 모여 본선과 결선 과정을 치릅니다. 많은 혜택이 있으니 데이터에 관심이 있고, 창업에 관심이 있는 우리 MZ 세대 친구들에게 도전을 권합니다.

▶ 인공지능의 시작, 빅 데이터

인공지능의 역사는 오래됐지만 이제야 놀랄 만한 결과물이 돋보인 이유는 소프트웨어와 하드웨어의 발전이 최근 집약적으로 이뤄졌기 때문입니다. 여기에서 소프트웨어는 데이터와 알고리즘을 말합니다. 인공지능은 많은 양의 데이터를 필요로 합니다. 인공지능이 오랜 기간 잠잠했다가 큰 주목을 받게 된 때는 구글과 페이스북, 그리고 알리바바와 바이두와 같은 기업이 나온 이후입니다. 이들 기업의 공통점은 사용자 수와 처리하는 정보가 무수히 많다는 것입니다. 인공지능을 이야기하기 위해서 데이터의 중요성부터 시작해야 하는 이유는, 데이터가 충분히 확보되지 못하면 알고리즘을 제대로 만들 수 없기 때문입니다.

하드웨어가 아무리 좋다고 하더라도 인공지능이 제대로 작동하기 위해서는 빅 데이터부터 확보해야 합니다.

앞서 말한 기업들은 공통점이 있습니다. 바로 빅 데이터를 갖고 있다는 것이죠. 그들의 서비스를 이용하는 수억 사용자가 있기 때문에 사용자 정보와 이들이 사용한 정보를 고스란히 활용할 수 있습니다. 이 데이터를 바탕으로 기업은 자신들의 서비스를 강화하거나 새로운 서비스를 만들어낼 수 있는 거죠. 사용자 데이터와 그 결과물들이 있기 때문에 예측의 정확도를 높이고, 성공 확률이 높은 새로운 서비스를 만들 수 있습니다.

2014년에 번역돼 우리나라에서도 많은 주목을 얻었던 네이트 실버의 책《신호와 소음》처럼, 데이터는 활용하지 못하면 소음과 같은 쓰레기로 남게 되고, 잘 활용하면 미래를 예측할 수 있는 유용한 신호로 사용될 수 있습니다(Silver, 2012). 인공지능이 가능하게 된 것은 하드웨어와 소프트웨어 기술의 발달이 병행됐지만, 무엇보다도 빅 데이터를 빼놓을 수 없습니다. 따라서 데이터 과학자라는 직종은 빅 데이터 자체 산업으로도, 그리고 인공지능 관련 산업에서도 필수적인 직종입니다.

이제 빅 데이터는 알고리즘을 통해 인간이 만들어내지 못하는 결과물을 산출할 수 있는 소중한 자산으로 자리 잡았습니다. 엄청난 양의 데이터를 확보하고 있지만, 사용 방안을 몰라 컴퓨터에 잠자고 있는 데이터가 알고리즘을 통해 사용자에게 전해줄 편의성은 우리의 상상을 뛰어넘을 것입니다. 곳곳에 설치될 센서가 전해주는 데이터를 어떻게 활용하느냐에 따라, 새로운 서비스의 등장 여부가 결정될 것입니다.

인공지능이 바꿔놓을 우리의 삶은 감히 상상할 수가 없습니다. 2016년 3월 알파고와 이세돌 9단의 대국 당시, 대부분의 바둑 기사와 컴퓨터 사이언스 전문가가 이세돌 9단의 우세를 예측한 것처럼, 저는 현재 전문가라 불리는 사람들이 예측하는 미래는 전부 틀릴 것으로 생각합니다. 그 누구도 인공지능이 갖고 있는 그 자체의 영향력을 가늠하기 힘들기 때문이죠. 게다가 인공지능 기술이 사회의 각 분야에 적용됐을 경우, 그 이후 변화할 모습을 인간의 상상력으로 그리는 것은 불가능할 정도로 미지의 세계라고 생각합니다.

2007년 6월에 아이폰이 처음으로 판매됐습니다. 아이폰을 만든 스티브 잡스는 아이폰으로 인해 우리의 일상생활이 이렇게 변화할 것으로 생각했었을까요? 스마트폰 하나가 갖고 온 일상생활의 변화도 이럴진대, 인공지능 기술이 사회 전 분야에 적용됐을 경우의 파급력에 대해서 인간의 두뇌 수준으로 예측이 가능할까요?

제가 《너 때는 말이야》 시리즈를 통해 여러분께 전하고자 하는 메시지는 간단합니다. 다가올 미래는 여러분이 주인공이라는 것입니다. 여러분이 주인공이기 때문에 여러분이 만들어

나가는 것이죠. 데이터 생태계는 지금 만들어지고 있습니다. 인공지능에 관심을 둬야 합니다. 그리고 그 시작은 빅 데이터입니다. 여러분들이 무슨 일을 하든, 빅 데이터 공부를 하기를 권합니다.

패턴인식에서 창의성까지, 전지전능한 인공지능의 진화

▷ 알고리즘 + 컴퓨팅 파워 => 인공지능

기술의 발전은 연속적입니다. 소재와 부품 산업의 발전은 새로운 완제품을 만들고, 창의력과 협력 그리고 도전 정신은 혁신을 이끕니다. 파괴적인(Disruptive) 혁신을 이야기하지만, 이 세상에 존재하지 않았던 완벽하게 새로운 제품이 갑자기 등장해 단숨에 시장을 파괴하는 경우는 드뭅니다. 우리가 말하는 파괴적 혁신물도 실은 이미 이전에 소개돼 시장을 달군 채 결정적인 순간에 파괴력을 증폭시킨 것이 대부분입니다. 인공지능 역시 마찬가지입니다.

인공지능은 이세돌과 알파고의 대결로 우리에게 친숙하게 다가왔습니다. 전국에 생중계된 인간과 인공지능 간의 바둑 대전은 결코 쉽지 않은 바둑을 통해 매우 쉽게 인공지능의 무서움을 많은 사람에게 각인시켰습니다. 인공지능 기술이 무엇인지는 모를지언정, 인공지능이 얼마나 대단한 것인지는 바둑 대국으로 잘 알게 됐습니다.

그렇다면 인공지능 기술은 무엇이기에 이렇게 대단한 능력을 갖고 있는 걸까요? 어렵지만 중요한 개념부터 차근차근 알아보도록 하겠습니다. 인공지능이라는 용어는 1956년 미국 다트머스 대학에서 개최한 '다트머스 회의'에서 처음 만들어졌습니다. 그렇습니다. 인공지능이라는 용어가 세상에 나온 지 벌써 60년이 지난 것이죠. 매카시(John McCarthy), 민스키(Marvin Minsky), 뉴웰(Allen Newell) 등 수학, 심리학, 컴퓨터 과학 분야의 당대 최고 연구자들이 모여 인간의 지능을 컴퓨터가 수행하게 하는 학문으로서 인공지능에 대해서 논의를 했습니다. 그리고 실제로 오랫동안 인공지능에 대한 연구가 진행돼왔습니다.

인공지능은 말 그대로 인공으로 만든 지능입니다. 지능은 생각하는 힘으로, 생존 능력이면서 동시에 문제해결 능력을 말합니다. 인공지능은 기계에 이러한 지능을 인공적으로 적용함으로써 인간처럼 생각하고, 환경에 반응해 학습하면서 스스로 생존할 수 있도록 문제를 해결해야 합니다. 알파고가 바둑을 잘 두려고 스스로 생각해서 묘수(妙手)를 찾는 것처럼 말이죠.

우리가 일반적으로 말하는 인공지능은 알고리즘과 컴퓨팅 파워가 동시에 작동한 결과물입니다. 즉 빅 데이터를 어떻게 연산할 것인가를 결정하는 알고리즘과 이 알고리즘을 실제로 가동하게 만드는 컴퓨팅 성능이 필요한 거죠. 따라서 여러분이 인공지능 전문가가 되고자 한다면 알고리즘 개발자가 되고 싶은 것인지, 컴퓨팅 파워, 즉 하드웨어 개발자가 되고 싶은 것인지 구분 지어야 합니다.

또한 인공지능 알고리즘은 구체적으로 머신 러닝(Machine Learning)이나 딥 러닝(Deep Learning), GANs와 같은 다양한 알고리즘으로 구분됩니다. 알고리즘을 규칙 기반으로 할 것인지, 통계 모델 기반으로 할 것인지, 신경망 기반으로 할 것인지에 따라 분류되는 것이죠. 조금 어렵긴 하지만 워낙 이런 용어를 많이 쓰기 때문에 다음 장에서 자세히 설명하도록 하겠습니다.

한편 컴퓨팅 파워 역시 몇 가지 분류가 됩니다. NVIDIA로 잘 알려진 병렬처리에 강한 그래픽처리장치(GPU), 구글의 텐서플로우로 잘 알려진 ASIC(Application Specific Integrated Circuit), 그리고 마이크로소프트와 아마존의 FPGA(Field Programmable Gate Array) 등 다양한 분류가 가능합니다. 너무 어렵죠? 알고리즘과 달리 컴퓨팅 파워는 전문적인 분야다 보니 일단 이 책에서는 가장 널리 알려진 GPU에 대해서만 알아보겠습니다.

인공지능의 발전의 중요한 한 축은 컴퓨팅 파워입니다. 하드웨어죠. 하드웨어의 관점에서는 가장 중요한 것이 GPU입니다. GPU는 말 그대로 그래픽을 처리하는 반도체로, 이전에는 게임이나 동영상 등 멀티미디어를 빠르게 처리하기 위해 필요했는데 지금은 인공지능 발전의 핵심이 됐습니다. 우리가 컴퓨터라고 할 때 보통 중앙처리장치(CPU)의 중요성을 강조해왔는데 이는 범용성, 즉 시스템 전반을 제어할 수 있고 응용 프로그램 구동에 적합했기 때문이죠. 그러나 최근에는 그래픽 수준이 높아져서 CPU에 더해서 GPU의 중요성이 점차 높아지고 있습니다.

고사양 그래픽 카드가 필요하다는 말을 들어본 적이 있다면, 바로 고사양의 GPU가 달린 카드가 필요하다는 의미입니다. 쉽게 말해서 GPU는 특수한 용도에 최적화된 프로세서로, 특히 3D 그래픽과 가상현실 등을 처리하는 데 우수해서 컴퓨터뿐만 아니라 스마트폰에서도 필수적인 반도체가 됐습니다.

그렇다면 그래픽에 특화된 GPU가 왜 인공지능과 관련이 있을까요? 그 이유는 GPU가 수많은 계산을 신속하고 강력하게 병렬 처리할 수 있기 때문입니다. CPU는 연산을 순차적으로 하는 데 반해, GPU는 병렬적으로 많은 계산을 동시에 처리할 수 있기 때문에 그만큼 많은 데이터를 빨리 처리할 수 있는 것이죠. 따라서 다음 꼭지에 설명할 인공지능의 다양한 접근 방식

처리에 최적화돼있습니다.

GPU의 중요성이 드러나는 또 다른 예가 있는데 바로 자율주행 자동차입니다. 자율주행 자동차에는 카메라와 센서, 레이더 등이 장착돼 차량 주변의 정보를 수집합니다. 이때 GPU가 복잡한 주변 환경 속에서 어마어마한 양의 정보를 빠르게 처리함으로써 안전하게 주행할 수 있게 해주는 것이죠. 자동차가 움직이는 속도를 생각해보면 얼마나 빨리 정보를 정확하게 처리해야 하는지 가늠할 수 있을 것입니다.

자율주행 자동차에 사용되는 엔비디아(Nvidia) GPU

▶ 가르쳐주면 다 해, 머신 러닝

이번에는 데이터를 처리하는 방식인 알고리즘에 대해서 알아보겠습니다. 인공지능이 널리 알려지다 보니, 유사한 개념이 많이 소개됐습니다. 대표적으로 머신 러닝과 딥 러닝입니다. 듣기는 많이 들었는데, 뭐가 뭔지 구분이 잘 안 가는 매우 어려운 개념입니다. 하나씩 차근차근 소개하겠습니다.

먼저 인공지능은 인간처럼 생각하는 지능을 말합니다. 가장 큰 개념이죠. 그리고 인공지능을 구현하는 구체적인 접근 방식이 있는데, 머신 러닝이 그 예입니다. 머신 러닝은 빅 데이터와 알고리즘을 통해 컴퓨터를 학습시킴으로써 결과를 만들어

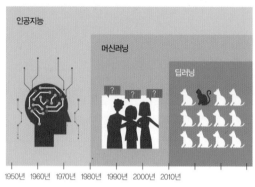

인공지능, 머신 러닝, 딥 러닝의 의미와 개발 시기(그림 4)

냅니다. 또한 머신 러닝을 진행하는 많은 기술적 접근법이 있는데, 회선신경망(Convolution Neural Network: CNN)이나 재귀신경망(Recurrent Neural Network: RNN) 같은 지도 학습(Supervised Learning) 기반의 딥 러닝 기술이 구글과 아마존과 같은 글로벌 IT기업에게 큰돈을 벌어주고 있습니다.

조금 더 쉽게 설명하겠습니다. 단계적으로 보면 인공지능이 가장 포괄적이고, 이 안에 머신 러닝이 있으며, 또한 머신 러닝 안에 딥 러닝이 있는 것입니다. 따라서 딥 러닝은 당연히 머신 러닝이면서 인공지능입니다. 그러나 모든 인공지능이 딥 러닝은 아닙니다. 그리고 지도 학습은 이제까지 진행된 머신 러닝의 주류 학습법으로 사물(데이터)과 이름(레이블)의 짝을 매칭시켜 집중 학습하는 방법인데, 사물 X와 이름 Y의 쌍을 지속적으로 학습하는 식입니다.

예를 들어서 설명하겠습니다. '알파고 리'는 경기 전 7개월 동안 기보 16만 건을 학습했습니다. 이러한 학습을 통해 바둑 두는 법을 알게 된 것이죠. 알파고는 딥 러닝 기술이 적용됐습니다. 특히 CNN 방식의 지도 학습법을 사용했는데, CNN의 특징은 이미지를 매트릭스 형태로 쉽게 인식할 수 있다는 장점이 있습니다. 즉, 알파고는 바둑판 그대로 인식함으로써 더 빨리 처리를 할 수 있죠.

머신 러닝이나 딥 러닝 모두 학습을 기반으로 데이터를 분류해 처리합니다. 예를 들어보겠습니다. 인간은 개와 고양이를 자연스럽게 구분합니다. 우리의 뇌에서 개와 고양이를 보고 각각의 특징을 확인한 후에 그동안 쌓아온 지식과 경험을 통해 구분을 합니다. 오랫동안 겪은 과정이기 때문에 빠르고 쉽게 판단이 가능합니다. 이 같은 뇌의 처리를 컴퓨터로 하는 것이 바로 머신 러닝과 딥 러닝이 하는 일입니다. 이미지를 분류하는 것이죠. 자율주행 자동차의 경우는 대상물이 사람인지, 그림자인지, 빨간불인지 녹색불인지를 판단해야 하는 것입니다.

머신 러닝의 가장 큰 특징은 귀납적 학습체계로 만들어진다는 것입니다. 다르게 말하면 통계적으로 학습해서 패턴을 찾아 학습하는 것을 말합니다. 귀납법에 대해서 잘 아시죠? 개별 사례들에 대한 관찰과 경험을 통해 일반적인 결론을 이끌어내는 추론법이죠. 머신 러닝은 개든 고양이든 수십만, 수백만 데이터를 통해서 개의 특성과 고양이의 특성을 발견합니다. 개나 고양이나 특징이 있잖아요. 그걸 패턴이라고 말합니다. 머신 러닝은 데이터에서 바로 이러한 패턴을 찾아 일반화시킵니다. 이것을 귀납적 학습 또는 통계적 학습이라고 하죠.

통계가 그렇듯이 머신 러닝은 주어진 알고리즘에 따라서 수많은 데이터를 분석해서 판단이나 예측을 합니다. 한번 생각해보죠. 우리가 생활하면서 이와 같은 방식으로 적용하면 좋을 서비스가 뭐가 있을까요? 여러분에게 익숙한 파파고와 카카오 번역기가 바로 머신 러닝을 이용한 대표적인 서비스입니다. 우리가 문장을 입력하고 원하는 결과가 나오지 않을 경우, 사용자는 최적의 번역이 나올 때까지 문장을 조금씩 바꿉니다. 이 과정에서 번역 알고리즘이 학습을 하게 되고, 이 횟수가 쌓일수록 더 나은 번역을 제공할 수 있게 되는 것입니다. 페이스북에서 사진 속의 인물이 누구인지 한두 번 태그를 하면 어느 순간부터 사진 속의 인물이 누구인지 추천을 해주죠. 이것도 머신 러닝 결과입니다.

머신 러닝은 빅 데이터와 클라우드 컴퓨팅을 활용하기 위해 매우 중요한 접근법입니다. 글자 인식, 문서 인식, 생체인식, 자연어 처리, 금융데이터 분석, 의료정보 등 거의 모든 분야에서 활용되는 융합기술로 발전하고 있습니다.

▷ 안 가르쳐줘도 다 해, 딥 러닝

저는 인문계 출신입니다. 철학과를 졸업했죠. 그리고 사회과학 분야인 커뮤니케이션을 전공했습니다. 대학원 때 통계를 공부하고, 이후 빅 데이터와 프로그래밍 공부를 하면서 아직도 어려운 분야가 몇몇 있는데, 그중 하나가 바로 딥 러닝입니다. 딥 러닝을 몇 번씩 공부하면서 켜켜이 쌓이는 것은 자괴감뿐이었습니다. 정말 이해하기 어려운 분야입니다. 그래서 솔직히 고백하건대 여러분들도 이해하기가 어려울 겁니다. 그래서 딥 러닝을 완전히 이해하기보다는 Part 2와 3에서 제가 소개하는 다양한 사례를 통해 어떤 방식으로 개발되고 있는지 파악하고, 여러분들이 하고 싶은 일을 이런 식으로 할 수 있구나 정도로 생각하기를 바랍니다.

딥 러닝은 머신 러닝의 한 분야입니다. 앞에서 설명했지만 인공지능은 머신 러닝과 딥 러닝을 포함하는 가장 큰 범주이고, 머신 러닝은 딥 러닝을 포함합니다. 따라서 딥 러닝은 머신 러닝과 겹칠 수밖에 없습니다. 그러나 이렇게 따로 설명하는 이유는 어떤 중요한 특징이 있어서겠죠? 그 부분을 설명하려고 합니다.

머신 러닝과 가장 큰 차이점은 사람의 개입 여부입니다. 쉽게 얘기하면 머신 러닝은 데이터의 특징을 분석하는 과정에 사람이 개입하지만, 딥 러닝은 데이터를 스스로 학습해서 판단합니다. 스스로 학습해서 판단한다? 뭔가 무섭지 않나요? 데이터

8개의 레이더로 수집된 데이터를 실시간 렌더링한 모습(그림 5)

만 있으면 자기가 알아서 한다는 거죠. 사람의 생각과 판단이 들어가지 않기 때문에 인간의 판단과는 전혀 다른 결과가 나올 수도 있습니다. 인간이 고려하지 못한 점을 기계가 찾아낼 수도 있기 때문이죠. 딥 러닝이 사용되는 분야를 살펴보면 조금 전에 살펴본 머신 러닝 분야의 대부분을 할 수 있습니다. 그런데 더 잘할 수 있다는 거죠.

딥 러닝이 적용된 대표적인 분야로 자율주행을 설명해볼까 요? 앞에서 컴퓨팅 파워를 설명할 때 GPU의 예를 들었습니다. GPU를 만드는 대표적인 회사가 NVIDIA입니다. 이 회사는 자 율주행 기술에 딥 러닝 기법을 도입했습니다. 뛰어난 기술력 때 문이었을까요? 현대차, 폭스바겐, 다임러 AG(벤츠의 모회사), 우 버, 바이두, 니오 등 많은 자동차 회사와 손잡고 자율주행 기능 을 함께 개발하고 있습니다.

앞에서 컴퓨터의 학습 방식의 하나인 지도 학습에 대해서 배웠는데, 딥 러닝은 비지도 학습법(Unsupervised Learning)을 활용합니다. 분류 기준이나 정보를 미리 입력하는 것이 지도 학습 방식인데 비해, 비지도 학습은 분류 기준 없이 데이터를 입력하면 컴퓨터가 스스로 분류합니다. 자율주행 기능은 실제로 주행 테스트를 하거나 시뮬레이션을 통해서 스스로 도로에 대한 학습을 하게 만드는 것이죠. 길거리에 있는 모든 것을 일일이 사람이 알려주는 방식이 아니라 주행을 통해 알아서 인식하게 만듭니다. 그러다 보면, 자동차, 자전거, 보행자 등 도로 위 모든 행위자를 분석하게 되죠. 도로뿐만 아닙니다. 도로 주변에 있는 것은 지도가 제공하는 신호등, 교통 표지판 등을 학습하죠. 지도에서 제공하는 정보와 실시간 통신을 통해서 전해지는 정보, 그리고 카메라와 레이더, 라이더 등 다양한 센서를 통해 전해진 정보를

NVIDIA는 딥 러닝으로 자율주행 기술을 발전시켰습니다. 2016년과 2020년의 운전을 비교해보시죠.

분석합니다. 이렇게 정보가 쌓이면 이전의 도로 정보를 현재에 대입해서 예측합니다.

자, 이제 머신 러닝과 딥 러닝 간에는 어떤 차이가 있는지 아셨나요? 동일한 목적을 갖지만, 둘 사이에는 데이터를 처리하는 과정에서 차이가 존재합니다. 머신 러닝의 경우 인간이 먼저 처

리를 해줘야 합니다. 이미지를 분석하기 위해 사람은 연습할 데이터를 제공해서 컴퓨터가 공부할 수 있게 하는 것이죠. 개와 고양이의 사진을 수만 장 주고, 이 사진은 개이고, 저 사진은 고양이라는 것을 알려줘야 합니다. 가령, 페이스북에 인물사진을 올리면 사진에 있는 얼굴이 누구인지 이용자들이 직접 써넣도록 유도하는데, 이러한 이름 붙이기 방식은 결국 특정 인물을 인식하게 하는 과정이 됩니다. 눈치챘다시피 이 방법은 누군가 일일이 각 사물의 '정답(레이블)'을 알려줘야만 학습이 가능하다는 한계가 있습니다.

반면, 딥 러닝은 인간이 하던 작업이 필요가 없습니다. 데이터를 그냥 주고, 딥 러닝 알고리즘이 스스로 분석한 후 차이를 발견해서 분류를 합니다. 개와 고양이의 이미지를 수많은 조각으로 잘라서 나눈 후 나중에 합산해서 개인지 고양이인지 판별을 합니다. 이런 과정을 인간의 신경망을 빗대어 인공신경망이란 용어를 통해서 설명을 합니다. 바로 이때 앞서 설명한 수없이 많은 정보(빅 데이터)를 처리하게 되고, GPU가 역할을 할 수 있게 되는 것이죠. 따라서 알파고와 같은 딥 러닝 기반 인공지능을 만들기 위해서는 반드시 GPU가 필요하게 됐습니다. 알파고는 기보를 통해 바둑을 배우고, 다른 인공지능과 반복적으로 대국을 벌이는 과정에서 신경망을 더욱 강화함으로써 지능을 높여간 것입니다.

▷신이 돼 나타나다, GANs

기술의 발전으로 인해서 인간이 통제할 수 없는, 불가역적인 변화를 겪게 되는 가설적 순간을 의미하는 '기술적 특이점(Technological Singularity)'. 인공지능이 기술적 특이점을 가져올 것이라는 예상을 의심하는 사람은 없습니다. 그리고 기술적 특이점을 가져올 인공지능의 가장 파괴적 혁신물 중 하나는 생성적 적대신경망(GANs: Generative Adversarial Networks), 즉 비지도 학습 방식의 딥 러닝이라 얘기할 수 있습니다.

불과 몇 년 전만 해도 인공지능은 학습을 기반으로 이루어지는 것을 의미했습니다. 인간이 가르쳐주던 스스로 하던 학습을 통해 지능을 높여간 것이죠. 그런데 GANs는 레이블 없이 데이터 그 자체에서 지식을 얻는 방법을 취합니다. 궁극적으로 인공지능을 구현하려면 누군가 정답을 가르쳐주지 않더라도 인공지능 스스로 사물의 특성을 파악할 수 있는 능력이 필요한데, 바로 이 방법으로 가능한 거죠. 아기가 성인이 되는 과정에서 부모와 선생님의 가르침으로 깨닫는 것도 있지만, 직관과 관찰, 추론 과정을 경험하게 되는데 GANs는 바로 이러한 인간의 본능적 사고 과정에 진입하게 된 것입니다.

이제까지 인공지능 기술 방식인 CNN과 RNN은 주로 음성이나 이미지 등을 인식해서 판별하는 수준에 머물렀다면, GANs는 새로운 것을 만드는 것까지 가능합니다. GANs를 통

다양한 딥 러닝
방식에 대해 살짝
맛만 보시죠.

해 비로소 '강인공지능'이라고 할 수 있는 인간의 창의성 개념이 드디어 결과물로 제공될 수 있으니 얼마나 대단한지 짐작이 갈 것 같습니다.

GANs의 활용 분야는 무궁무진합니다. 사용자가 대충 스케치를 하면 진짜 같은 그림을 생성해주는 이미지 편집 프로그램도 있고, 뿌연 이미지를 더욱 선명한 이미지로 복원시켜주기도 합니다. 위성사진을 지도사진으로 변환하는 사진 전환 프로그램은 물론 동영상까지 낮과 밤 그리고 여름과 겨울로 변환시키는 등 진짜 같은 가짜 결과물을 만들어내기도 하죠. 천문학에서는 은하계와 화산의 이미지를 생성하는 데 활용하고 있고, 의료 분야에서는 복잡한 의료 정보를 쉽고 간단한 이미지로 만듦으로써 더 정확한 진단을 하는 테스트를 진행 중입니다. 어떠한 대용량 데이터도 모델링하고 해석할 수 있습니다. GANs가 인간보다 더 나은 데이터 분석가가 되는 것은 이제 시간문제입니다.

이렇게 멋지고 아
름다운 모습이
모두 가짜라니!
GANs가 만든 가
짜 이미지.

GANs에 대한 기대는 셰프 왓슨(Chef Watson)에 대한 것과 동일합니다. 셰프 왓슨은 Part 4에서 자세히 설명하겠지만, 간단히 말해 인공지능 요리사입니다. 현존하는 데이터를 활용해서 새로운 음식을 만들어내죠. 똑같은 재료지만, 우리가 전혀 상상하지 못한 방식의 요리를 만듭니다. 셰프 왓슨에게 새로운 음식에 대해 기대하듯이, GANs에게도 새로운 산출물을 기대합니다. 다만 유일한 차이는 셰프 왓슨이 만든 음식은 맛이 없으면 버리면 그만이지만, GANs는 그 이해의 넓이와 깊이를 헤아릴 수 없어 그 결과물이 어떤 것이 될지 감히 우리의 지식으로는 상상도 못한다는 점입니다. 그리고 결정적으로 인간에게 해가 되는 산출물이 나올 경우에 대체 무엇을 어떤 방식으로 해결해야 할지 아무런 대책이 없습니다. 인공지능이 인간을 따라올 수 없는 이유 중 하나는 인간 고유의 호기심과 창의력, 마음, 감성 때문이라고 하는데 GANs가 인간만의 고유한 속성 중 어디까지 따라올 수 있을지 궁금합니다. 다만 인류에 해가 되지 않는 방향이기를 바랄 뿐입니다.

약인공지능과 강인공지능

인공지능은 어떤 목적으로 개발하느냐에 따라 약인공지능과 강인공지능으로 구분됩니다. 짐작하듯이 강인공지능은 약인공지능보다 지능이 뛰어납니다. 여기에서 뛰어남의 기준은 인간처럼 생각하고 행동하느냐의 여부입니다. 인간과 같은 정신, 마음, 의식을 갖고 행동하느냐에 따라 나뉘죠.

약인공지능은 특정 문제를 해결하기 위해 필요한 지능을 말합니다. 인간이 가진 합리성을 그대로 따라하게 만들죠. 체스 인공지능, 바둑 인공지능 등 특정 분야에만 사용될 수 있습니다. 현재 우리가 접하는 대부분의 인공지능은 모두 약인공지능입니다.

반면 강인공지능은 말 그대로 인간과 같은 인공지능이라고 생각하면 됩니다. 영화나 소설에 등장하는 인공지능을 떠올리면 그림이 그려지죠. 우리가 로봇을 생각하면 겉모습의 정교함만 생각하기 쉬운데, 사실 겉모습이 중요한 로봇은 소셜 로봇(Social Robot) 또는 반려 로봇(Companion Robot)과 같이 인간과 커뮤니케이션하며 교감하는 감성 로봇뿐입니다. 더 중요한 것은 로봇에 탑재된 지능 수준입니다. 인공지능 수준이 높은 로봇은 그 형태가 어떻든 간에 인간과 똑같은 판단과 행동을 할 수 있죠. 인간과 자연스러운 대화를 할 수 있는 인공지능이 있다면, 드디어 강인공지능의 시대가 열린 것으로 생각해도 됩니다.

아직은 상상의 단계지만, 초인공지능도 있습니다. 모든 영역에서 전 인류의 두뇌보다 뛰어난 지능을 가지는 인공지능을 말하죠. 다음 장에 나오는 미래학자인 레이 커즈와일(Ray Kurzweil)은 기술이 인간을 초월하는 특이점

약한 인공지능 →← 강한 인공지능

합리적으로 생각하는 시스템 – 계산 모델을 통해 지각, 추론, 행동 같은 정신적 능력을 갖춘 시스템 – 사고의 법칙 접근 방식	**인간처럼 생각하는 시스템** – 마음뿐 아니라 인간과 유사한 사고 및 의사 결정을 내리는 시스템 – 인지 모델링 접근 방식
합리적으로 행동하는 시스템 – 계산 모델을 통해 지능적 행동을 하는 에이전트 시스템 – 합리적인 에이전트 접근 방식	**인간처럼 행동하는 시스템** – 인간의 지능을 필요로 하는 어떤 행동을 기계가 따라 하는 시스템 – 튜링 테스트 접근 방식

인공지능 기술의 분류: 약인공지능과 강인공지능 비교(도표 2)

(Singularity)을 말하는데, 인공지능이 자의식을 갖고, 스스로 새로운 알고리즘을 만들어 인간 개인과 사회를 뛰어넘을 것이라고 합니다. 이렇게 되면 세상은 어떻게 변할까요?

인공지능,
자비스일까, 울트론일까?

▶ 알파고가 보여준 예측 불가능한 인공지능의 미래

세상은 기술 외에도 정치, 경제, 사회, 문화 등 다양한 요소가 상호작용하며 인간에 의해서 발달합니다. 이러한 사회 변화의 근본 원인은 인간이지 기술이 아닙니다. 증기기관이나 전기, 인터넷과 같이 인류 역사를 바꾼 기술들이 있지만, 이러한 기술을 선택하는 것은 인간입니다. 그런데 인공지능의 경우는 전혀 다른 이야기가 될 것 같습니다. 인공지능이 인간의 의도와는 달리 예상치 못한 결과를 가져오고, 더 나아가 독자적으로 판단하고 결정하며, 통제 불가능한 상황이 된다면 세상은 어떻게 바뛸까요? 인간처럼 지능을 갖고 행동하며 사회에 영향을 준다면, 이것은 인간이 인공지능을 따라가는, 말 그대로 기술결정론의 세계가 시작되는 것일지도 모르겠습니다.

인공지능을 생각하면 저는 한숨이 나옵니다. 인공지능이 미칠 사회적 영향력을 생각하면 두렵습니다. 시중에 나와 있는 많은 책이나 뉴스에서 미래가 어떻게 변화할지 예측을 합니다. 저는 그 어느 것도 정확하지 않다고 생각합니다. 인공지능의 발전은 전대미문의 사건이며, 그 어느 것도 예측 불가능한 세상을 가져올 것입니다. 마치 알파고처럼 말이죠.

2016년에 있었던 바둑기사 이세돌과 알파고의 대결을 잘 기억하실 겁니다. 대국 전에 극히 일부 인공지능 전문가를 제외하고 대부분의 바둑기사와 국민들은 인간의 승리를 예측했습니

인공지능은 정말 인류를 멸망시킬까요?(그림 6)

다. 그러나 결과는 알파고의 4승 1패 승리였습니다. 이후 알파고는 계속 업그레이드됐습니다. 이세돌과 게임을 한 '알파고 리', 커제 9단에게 3연승 한 것을 포함해 60연승을 한 '알파고 마스터', 최종 버전으로 2017년 '알파고 제로'가 나왔습니다. 알파고 프로젝트가 끝남에 따라 결국 이세돌 9단은 인공지능을 이긴 마지막 인간으로 영원히 남게 됐습니다.

사실 알파고의 무서움은 '알파고 리'가 이세돌 9단을 4승 1패로 이겼다는 것으로 확인했지만, 그것은 단지 시작에 불과했습니다. '알파고 제로'는 말 그대로 무시무시한 성과를 이뤘습니다. '알파고 제로'는 바둑을 배운 지 단지 36시간 만에 수개월을 학습했던 '알파고 리'를 앞섰습니다. 그리고 독학 72시간 후에 한 대국에서 '알파고 리'를 100대 0으로 이겼습니다. 이어서 '알파고 제로'는 '알파고 마스터'에게도 89승 11패로 대승을 거뒀습니다.

말하고자 하는 핵심은 이것입니다. 이세돌 9단과의 대국 전에 우리는 알파고의 능력을 과소평가했습니다. '알파고 리'가 이세돌 9단을 이겼을 때 모두 경악했고, 이후 '알파고 마스터'와 '알파고 제로'는 우리가 놀랐던 '알파고 리'와는 비교가 안 될 정도로 발전했음을 알 수 있었습니다. '알파고 리'를 알게 된 순간

바둑 한 판으로 인류에게 큰 충격을 준 알파고. 다큐멘터리 영화로도 만들어졌습니다.

에도 예측하지 못했던 기술 발달입니다.

　미래 사회의 대부분은 인공지능의 수준에 따라 결정될 것입니다. 다르게 말하면, 그 어느 예측도 인공지능의 개발 수준을 전제로 하지 않으면 정확할 수 없다는 것입니다. 그만큼 인공지능의 파급력은 우리의 상상을 뛰어넘을 것입니다.

▷ 우리는 내비게이션을 따르고, 공간은 청소로봇에게 맞춘다

　정말 인간은 인공지능을 따라갈까요? 그렇게 신뢰할 수 있을까요? 정확하게 인공지능이라고 말할 수는 없지만, 하나의 기술을 통해서 인간이 인공지능을 따르게 될지 여부를 판단해보시기 바랍니다. 그 기술은 길 찾기 서비스입니다. 약속 장소로 가기 위해서 우리가 가장 먼저 하는 행동은 바로 길 찾기(지도) 서비스를 통해 어떤 교통수단을 이용해서 어떤 경로로 갈 경우에 가장 짧은 시간에 갈 수 있을지 판단하는 일입니다.

　그리고 전적으로 이것에 의존합니다. 이전에 내가 알고 있는 경로로 가지 않는다고 해도 길 찾기 서비스가 알려주는 길을 그냥 믿고 따릅니다. 그리고 약속시간에 늦지 않게 도착하기 위해서, 이 서비스가 알려주는 시간에 의존해서 출발 시간을 정합니다. 버스를 타기 위해서 버스의 도착시간에 맞춰 뛰기도 하고, 지하철을 탈 때는 빠

길 안내는 물론, 스마트폰으로 하는 모든 것이 가능한 구글 안드로이드 오토

른 환승 경로를 이용하기 위해 안내해주는 탑승 위치에 줄을 섭니다.

인공지능이 우리의 일상에 들어오게 되면 어떻게 활용될지 내비게이션은 잘 설명해줍니다. 모르긴 몰라도 내가 가진 지식이나 경험보다는 훨씬 더 믿고 의지하지 않을까요? 물론 이렇게 의지하기 위해서 많은 시행착오를 겪겠죠. 그런 과정 속에서 "쓸 만하구나"라는 믿음이 들기만 한다면 그때부터는 내비게이션이나 길 찾기처럼 전적으로 의지할 것입니다.

또 다른 예를 들어볼까요? 최근 로봇청소기의 인기가 갈수록 커지고 있습니다. 2000년대 초반 처음 출시할 때만 하더라도 비싼 가격에 그저 그런 성능으로 소비자의 외면을 받았지만, 최근 몇 년 사이에 100만 원 이상의 프리미엄 제품군과 50만 원 이하의 보급형 제품으로 뚜렷이 나뉘면서 제품 판매가 늘고 있습니다.

로봇청소기는 집의 넓이뿐만 아니라, 방의 구조, 문턱이나 카펫 존재 여부, 물청소 기능 등 특정 환경을 고려한 제품을 구매해야 최고의 효과를 얻을 수 있습니다. 로봇청소기가 방해를 받지 않고 청소를 할 수 있도록 가능한 복잡한 물건을 치우고, 작은 가구의 배치를 적절하게 하는 것은 하나의 팁이죠. 물론 최근에 나온 좋은 로봇청소기는 사물감지 센서가 탑재돼있어서 방해물이 있을 경우 잘 피해서 청소를 하지만, 아무래도 구

우리 생활의 일부분이 된 청소기(그림 7)

석구석 깨끗이 청소할 수 있도록 집안에 있
는 도구들을 잘 배치하게 됩니다.

로봇청소기에도
인공지능 기술이
사용됩니다.

예를 들어 가구를 살 때 로봇청소기의
높이와 넓이를 생각하게 됩니다. 침대나 소
파의 경우 로봇청소기가 들어갈 수 있는 높
이가 확보되지 못할 경우 구매를 머뭇거리
게 되죠. 또한 다리 사이가 좁은 의자인 스툴의 경우는 로봇청
소기가 자유롭게 드나들지 못하므로 구매 시 마음이 편하지 않
습니다. 가구를 살 때 내가 원하는 제품을 사는 것이 가장 중요
하지만, 로봇청소기가 있을 경우에는 이것을 무시하기가 쉽지
않습니다.

이렇게 인공지능이 도입된 기술이 하나씩 하나씩 우리의 삶

에 들어오면 우리가 사는 공간은 어떻게 변화할까요? 우리의 라이프스타일도 변할까요? 인공지능이 적용된 새로운 기술이 우리의 삶에 들어오게 만드는 것. 바로 이것이 디지털 트랜스포메이션입니다. 너무나 자연스러워 원래 있었던 것 같은 경험. 한 번도 사용하지 않은 사람은 있지만, 한 번만 사용한 사람은 없는 기술. 여러분이 만들 미래입니다.

▷ MZ 세대 긴장해, Gen-Alpha가 온다

인공지능 분야는 미국과 중국이 양대 산맥으로, 구글, 아마존, 애플, 인텔, 페이스북, IBM과 알리바바, 바이두, 텐센트 등이 가장 앞선 기술을 보유하고 있습니다. 이 외에도 인공지능이 최근에 급성장한 분야다 보니 스타트업이 눈에 띄게 많이 보이기도 하는데, 인공지능 솔루션을 개발하는 AI브레인(AIBrain), 감정적 반응이 뛰어난 코즈모(Cozmo)라는 로봇을 만드는 앙키(Anki), 세계 최초의 소셜 로봇인 지보(Jibo), 중국의 얼굴 인식 기술로 유명한 센스타임(SenseTime)과 이투(Yitu), 인공지능 생명공학 분야에서 앞선 아이카본엑스(iCarbonX)가 주목을 받고 있습니다.

그러나 이렇게 인공지능을 이야기하지만 인공지능이 우리 생활에 가까이 오기에는 아직 시간이 필요할 것 같습니다. 인공지능이라는 단어가 너무나 많은 곳에서 사용되고 있어 전혀 새로울 것도 없이 느껴지지만, 사실 인공지능이 제대로 구현되는 분야는 아직까지는 많지 않습니다. 데이터도 마찬가지입니다. 여기저기서 툭하면 빅 데이터를 갖다 붙이며, 마치 이전과 다른 새로운 무엇을 소개하는 것처럼 말하지만, 빅 데이터든 인공지능이든 이것만으로 수익을 올리는 비즈니스는 매우 드뭅니다. 알파고를 만들어서 유명해진 구글의 자회사 딥 마인드는 2019년에만 약 7,000억 원이 넘는 손실을 낸 것으로 알려졌습니다. 매출액이 증가하기는 하지만, 인공지능 전문가의 연봉이 11억 원(100만 달러)을 넘다 보니 비용이 많이 듭니다.

때때로 소프트웨어나 시뮬레이션을 인공지능과 혼동해서 사용하는 것 같은데, 이것들은 전혀 다릅니다. 소프트웨어나 시뮬레이션은 '자동화'할 뿐 '자율적' 판단을 하지는 않습니다. 소프트웨어나 시뮬레이션은 설계 당시 프로그래밍된 대로 행동할 뿐 그 이상의 문제해결 능력이 없는 것이죠. 이것이 바로 인공지능이 갖는 가장 중요한 특징입니다. 그리고 안타깝게도 아직 인간과 같은 자율적 판단을 하는 인공지능의 출현은 극히 드뭅니다. 바둑, 의료, 투자 등 한정적인 인지능력만을 갖는 '약한' 인공지능만이 존재할 뿐이죠.

특히 인공지능의 경우는 기업 마케팅의 일환으로 용어를 여기저기 갖다 붙인다고 해도 무방할 정도입니다. 약간의 알고리즘을 적용한 소프트웨어인데도, 인공지능 서비스라고 마케팅하는 것이죠. 이러한 마케팅이 인공지능에 대한 일반인의 기대를 무너뜨릴까 염려될 정도로 빅 데이터와 인공지능은 갈 길이 멉니다.

그러나 그렇다고 인공지능이 영향을 미칠 세계가 아주 먼 미래라고 생각하지도 않습니다. 필요로 하는 인력이 가장 많으면서 동시에 빠르게 인력 확충이 이뤄지고 있는 곳이 인공지능 분야이기 때문입니다. MZ 세대 여러분들이 긴장할 만한 이야기를 해볼까요?

글을 읽을 수 없는 사람을 문맹이라고 합니다. 디지털 정보를 잘 다루지 못한 사람을 디지털 문맹이라고 하죠. 그리고 디지털 사회에서 정보 및 기술 활용 능력의 차이로 발생하는 정보 격차를 디지털 디바이드(Digital Divide)라고 합니다. 그런데 저는 앞으로 코딩 디바이드, 인공지능 디바이드와 같은 새로운 용어가 일반화될 것으로 예상합니다. 과거에 글을 읽지 못하는 사람을 칭하는 것처럼 새로운 시대에는 새로운 기술을 사용할 수 없는 사람들을 일컫는 용어로 특히 코딩과 인공지능에 관련된 능력 차이를 강조한 새로운 용어가 생길 것 같습니다.

디지털 네이티브(Digital Native)란 용어가 있습니다. 한국 사람이 한국말을 너무나 자연스럽게 하는 것처럼, 태어날 때부터 컴퓨터와 게임, 인터넷을 너무나 자연스럽게 사용한다고 해서 붙인 이름이죠(Prensky, 2001a, 2001b). 여러분들 모

세대가 지날수록 디지털과 가까워지는 모습을 보입니다.(그림 8)

두 디지털 네이티브입니다. 여러분에게 디지털은 공기와 물처럼 반드시 필요한 존재죠. 기성세대 입장에서 여러분들도 대단한데, 앞으로 엄청난 친구들이 올 것 같습니다. 바로 알파 세대(Generation Alpha: Gen-Alpha)입니다. 2010년 이후에 태어난 세대를 말하죠(McCrindle, 2009). Z세대의 다음 세대입니다. 여러분 동생 세대라고 말할 수 있겠죠.

그러나 동생 세대라고 그들을 얕보다간 큰코다칠 수도 있습니다. 왜냐하면 여러분과 알파 세대를 가르는 한 가지가 바로 인공지능에 대한 활용 능력일 수 있기 때문입니다. 이들은 초등학교 때부터 코딩을 배웁니다. 중학교 수업에서는 코딩을 필수 과목으로 배우고, 고등학교에서는 선택 과목으로 배우죠. 대학에서는 프로그래밍 수업을 전공과 관련 없이 필수 과목으로 하고, 많은 학과에서 전공 분야와 상관없이 데이터 사이언스와 인공지능을 배웁니다. 여러분들과 몇 년밖에 차이가 안 나지만 배우는 커리큘럼은 매우 다릅니다.

1956년 다트머스 회의에서 인공지능이라는 용어를 만든 이후, 인공지능의 역사는 60년이 넘었지만, 그 성과는 아직 제한적입니다. 그러나 기술의 발전은 예측 불가능합니다. 《특이점이 온다》의 저자 레이 커즈와일(Ray Kurzweil)은 기술이 선형적인 발전을 하는 것이 아니라 기하급수적인 발전을 한다는 '수확 가속의 법칙(The Law of Accelerating Returns)'을 주장합니다. 그러면서 기술이 인간을 초월하는 순간인 특이점이 2040년에 온다고 말하죠. 인공지능 분야는 새로운 접근 방식으로 효율적인 방법이 계속 소개되고 있습니다. 인공지능이 가져올 미래가 무엇이 되든, 인류는 필연적으로 인공지능이 만드는 세상에 다가갈 수

비전 컴퓨팅, 딥러닝, 센서로 무장한 '아마존 고'

밖에 없습니다. 이 책을 읽는 MZ 세대 친구들은 미래를 잘 준비하고 있나요?

▷ 미래는 우리에게 이미 와있다

자율주행 공유주행차가 택시 기사를 대체하는 것은 승객에게 좋은 것일까요, 나쁜 것일까요? 사고율을 현저하게 낮춰주고, 최적 경로와 최적 주행을 통해서 주행거리와 비용을 절감하며, 안락한 승차감을 제공한다면, 승객에게 좋은 것일까요, 나쁜 것일까요? 무인 매장인 '아마존 고'가 편의점이나 대형 마트를 대체하는 것은 어떻게 생각하십니까? 계산을 하기 위해 줄을 설 필요도 없고, 내 스마트폰 앱에서 필요한 물품이나 제품명을 입력하면 어디에 있는지 증강현실로 길을 안내하고, 인건비가 들지 않기 때문에 가격은 더 싸진다면, 이것은 소비자에게 좋은 것인가요, 나쁜 것인가요?

이번에는 시점을 더 크게 확대해볼까요? 인공지능과 로봇이 인간이 해야 할 일을 대체한다면, 이것은 인간에게 좋은 것일까요, 나쁜 것일까요? 인공지능 기술이 발달해서 기술적 특이점이 오는 것은 인류에게 좋은 것일까요, 나쁜 것일까요? 대답하기 힘든 문제입니다. 대답이 문제가 아니라, 등골이 오싹한 느낌이 들 수도 있습니다. 소프트웨어의 세계, 특히 플랫폼 세계는 'all or nothing'이며 'winner takes all', 즉 승자독식의 세계입니다. 소수 기업이 시장을 독점하고, 수익을 극대화하기 위해 인공지능과 로봇의 활용을 가속화하며, 이에 따라 실업 발생이 가속화되고, 결국 인간의 지능을 뛰어넘는 기술 세계가 온다면 대체 인간은 무엇을 할 수 있을까요?

인공지능이 가져올 영향력은 이제까지 인류사에 소개돼온 혁명적 차원과 근본부터 다릅니다. 4차 산업혁명이란 용어를 전 세계에 널리 알린 클라우스 슈밥(Klaus Schwab)은 4차 산업혁명이 진행 중이라는 근거로 기하급수적인 속도로 급격하게 변화하고 있고, 개인뿐만 아니라 경제, 사회 등 그 범위와 깊이가 비견될 수 없을 정도로 크고 넓으며, 사회 전체 시스템의 변화를 글로벌 차원에서 갖고 온다는 점에서 시스템 충격이 크다는 점을 강조하고 있습니다(Schwab, 2016).

구글 엔지니어이자 미래학자인 레이 커즈와일은 "인공지능을 두려워할 필요가 없다. 문제는 인공지능이 아니라 인간 사회에 있다"고 말합니다. 반면, 이제는 작고한 천재 물리학자인 스티븐 호킹(Stephen Hawking)은 "100년 안에 인류는 인공지능에 종속되고 결국 멸망할 것"이라고 말합니다.

여러분은 누구의 주장에 더 끌리십니까? 기술이 우리에게 행복을 가져다줄지, 아니면 인류의 멸망을 가져올지 그 누구도 알 수 없습니다. 다만, 확실한 것 하나는 인공지능이 바꿀 세상은 우리의 상상력을 뛰어넘을 것입니다. 그러나 파괴적 혁신

(Disruption)의 확산은 단지 기술적 우위로만 이뤄지지 않을 것입니다. 그 안에는 정치, 경제, 문화 등 인간을 둘러싼 다양한 사회 요소가 종합적으로 관련돼있고, 그간 인간의 역사는 기술을 인간의 삶에 최적화할 수 있는 방식으로 진보돼왔기 때문입니다. 기술이 인간을 추동하는 것이 아닌, 인간을 위한 기술이 선택되는 역사인 것이었죠. 인공지능은 인간의 삶을 바꿀 것입니다. 그러나 언제, 어떤 방식으로 바뀔 것인가는 순전히 우리에게 달려있습니다. 우리는 어떤 선택을 할까요?

미래는 우리에게 이미 와있습니다. 단지 모두에게 와있지 않았을 뿐이죠. 미래를 어떻게 만들 것인가 역시 우리에게 달려있습니다.

아마존 고

아마존 고(Amazon Go)는 이커머스(e-Commerce) 회사인 아마존이 2018년에 세계 최초로 만든 무인 매장입니다. 기존에도 무인 매장이 없지는 않았지만, 구매자가 상품만 고르면 쇼핑 과정이 끝나는 매장은 처음이었습니다. 상품 스캔을 하지 않아도, 몰래 가지고 나가도 자동으로 계산이 되기 때문에 구매자의 쇼핑 경험은 놀라움 그 자체죠.

아마존 고에는 복잡한 기술들이 숨어있습니다. 저스트 워크 아웃(Just Walk Out)으로 이름 붙인 이 기술은 컴퓨터 비전(Computer Vision), 센서 비전(Sensor Vision), 딥 러닝 등이 핵심입니다.

이름은 다르지만 저스트 워크 아웃은 자동차의 자율주행과 같은 기술 방식이 적용됩니다. 그래서 우리나라 편의점 평균 매장 면적(약 22평)의 약 세 배 크기인 아마존 고에 설치된 기술 비용이 약 22~33억 원(200~300만 달러)에 이릅니다. 2020년부터는 이전보다 열 배가 넘는 약 300평 크기의 대형 매장을 만들고 있으니 매장당 비용은 훨씬 더 커지겠죠?

아마존 고를 만드는 많은 이유가 있지만, 핵심은 데이터 수집입니다. 매장에 들어와서 상품을 고르고 나가기까지 고객의 행동에는 많은 이유를 담고 있습니다.

이것을 데이터로 수집해, 분석한다면 새로운 비즈니스 기회가 오지 않을까요? 오프라인의 장점을 온라인에 적용시킬 수 있고, 또한 오프라인까지 비즈니스 영역을 확대함으로써 장기적으로 온오프라인 커머스 시장 모두를 장악

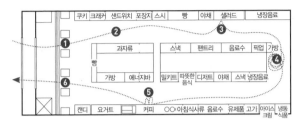

아마존 고의 매장 배치도(그림 9)

하려고 할 수도 있겠죠. 인공지능은 새로운 비즈니스를 여는 황금알을 낳는 거위입니다.

아마존은 2021년, "자사 무인정산 시스템을 적용한 '아마존 프레시' 매장을 영국 런던에 오픈하며, 장기적으로 전 세계로 확대할 계획"이라고 밝히기도 했습니다. 아마존 고를 비롯해 아마존 프레시, 아마존 북스 등 앞으로 2,000여 개에 달하는 다양한 매장을 운영하겠다는 계획을 밝힌 아마존의 행보가 주목받는 이유입니다.

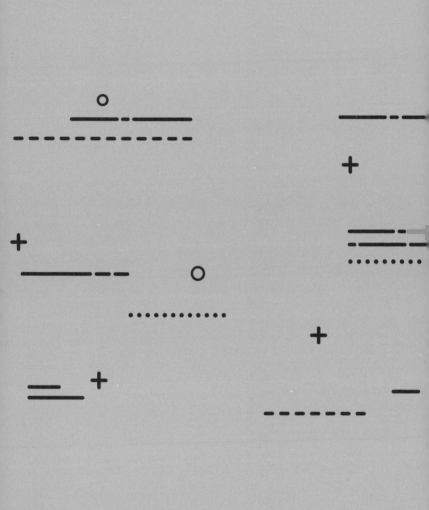

PART 2

인공지능,
넌 못 하는 게
뭐니?

새롭게 만들고,
성공 여부를 예측하다

▷ 인공지능은 인간보다 창의적이지 못하다?

창의성은 인간만이 가진 독점적인 재능일까요? 많은 사람들이 인공지능을 평가하면서 인공지능이 제아무리 똑똑하다고 해도 인간의 창의성을 따라올 수는 없다고 말합니다. 사실일까요?

한국창의성학회에 따르면 창의성은 기존에 존재하지 않던 (Unprecedented) 독창적(Unique)이고 실용적(Useful)인 산출물 혹은 프로세스를 비교 대상 집단보다 먼저 제시할 수 있는 능력으로 정의됩니다(창의성진단연구소, 2021). 창의성을 정의하기 위해 몇 가지 핵심 단어가 있는 거죠. 기존에 존재하지 않아야 하고, 독창적이면서도 실용적이며, 먼저 제시해야 한다는 것이 주요 특징입니다.

창의성에 대한 일반인들의 흔한 오해 중 하나는 '창의성이 어느 순간 불현듯 떠오르는 직관'이라고 생각하는 것입니다. 나무에서 사과가 떨어진 것을 보고 만유인력의 법칙을 발견한 것은 어느 순간 불현듯 떠오른 직관의 결과였을까요? 사전에 어떠한 지식도 없이 직관만으로 만유인력의 법칙을 생각해낼 수 있었을까요?

개인이 창의적인 결과물을 만들기 위해서는 몇 가지 전제조건이 있습니다. 지식과 경험이 있어야 하고, 창의적 사고 능력이 있어야 하며, 동기가 있어야 합니다. 만유인력의 법칙은 이미 오랫동안 물리학 법칙을 공부한 후에야 발견할 수 있는 결과물입니다. 그저 우연히 발생하는 행운으로 치부하기에는 창의성의 발현은 매우 복잡한 과정이 요구됩니다.

자, 인공지능 이야기로 다시 돌아가 봅시다. 지금 설명한 정의에 따르면 인공지능은 창의성을 발현할 수 있을까요? 인공지능은 창의적 사고 능력으로 필요할(동기) 때 지식과 경험을 사용해서 기존에 존재하지 않으면서도 독창적이고 실용적인 것을 먼저 제시할 수 있을까요? 하나씩 뜯어서 분석해보면 적어도 몇 개는 가능한 것 같습니다. 동기는 인간이 부여하는 것이고,

지식과 경험은 빅 데이터가 될 것 같습니다. 다만 결과물이 기존에 존재하지 않고 독창적이고 실용적인가의 여부는 산출물에 따라 달리 평가될 수 있을 것 같습니다. 그렇다면, 항상 그렇지는 않아도 인공지능 역시 창의적 결과물을 산출할 수 있다는 것으로 귀결되네요.

여기서 핵심은 창의적 사고 능력의 유무인 것 같습니다. 인공지능에서 창의적 사고 능력을 결정짓는 것은 알고리즘입니다. 알고리즘은 잘 정의된 계산 절차이자, 구성 과정이고, 디자인입니다. 세상에 존재하는 부품을 어떻게 구성하느냐에 따라 애플의 '아이폰 12'가 될 수도 있고, 삼성전자의 '갤럭시 S21'이 될 수도 있으며, 화웨이의 'P50'이 될 수도 있습니다. 모두 고가의 프리미엄폰이지만 그 구성요소와 디자인에 따라 다르게 가치를 평가하죠. 알고리즘 역시 마찬가지입니다. 세상에 존재하는 데이터를 어떻게 구성하고, 계산해서, 디자인하느냐에 따라 다른 결과를 가져오는 것이죠. 즉 새로운 결과물을 만들어내기 위한 창의적 사고는 알고리즘을 어떻게 구성하느냐에 따라 달려있게 됩니다.

인공지능은 이미 여러 분야에서 창의성을 구현하고 있습니다. 이세돌과 대결했던 알파고는 프로기사가 이해하지 못하는 수를 두기도 했고, IBM의 인공지능 왓슨

조금 어렵긴 하지만 인공지능 왓슨이 작동되는 원리를 알아볼까요?

(Watson)은 '꼬깔콘 버팔로윙맛'을 만들어 대박을 치기도 했습니다. 각 분야에서 활약하고 있는 인공지능이 어떻게 창의성을 구현하고 있는지 자세히 살펴보도록 할까요?

▶ 인공지능이 만든 음악이 멜론 차트를 점령할 수 있을까?

알파고 때문에 일반적으로 구글의 딥 마인드를 많이 알고 있지만, 사실 IBM의 왓슨이 인공지능 분야에서는 터줏대감입니다. 1997년에 체스 분야 세계 챔피언에게 승리를 하고, 2011년에는 미국의 유명한 퀴즈 프로그램인 '제퍼디!(Jeopardy!)'에서 최고 금액 우승자와 최다 승리 기록자와 경쟁해서 우승을 했었죠. 오랜 개발 역사를 가진 왓슨은 현재, 의료, 금융, 법률, 제조 등 다양한 분야에서 인간을 대체하거나 보조하는 역할을 하고 있습니다.

왓슨은 특히 자연어 처리에 뛰어난 것으로 알려졌습니다. 자연어 처리는 인공지능이 사람이 사용하는 언어를 이해하고 처리하는 능력을 말합니다. 쉽게 말해서 사람의 대화를 이해하고, 사람처럼 대화를 하는 데 인공지능이 사용되는 것이죠.

자연어 처리가 적용되는 산업 분야는 매우 넓습니다. 궁금점이 생겨 문의를 하기 위해 전화를 걸거나 카톡을 사용한다면 이 분야는 모두 자연어 처리를 기반으로 하는 비즈니스 영역입니다. 한글이나 워드 프로세서, 구글을 사용할 때 맞춤법이 틀

리다고 표시되는 것 역시 이러한 기능이 적용된 것입니다. 네이버의 파파고 번역기 역시 자연어 처리가 적용된 분야죠. 모든 번역 기술은 여기에 포함된다고 생각하셔도 됩니다.

여러분은 말과 글로 사람을 평가할 수 있다고 생각하시나요? 그렇다면 역시 이 분야도 자연어 처리가 적용되는 분야입니다. 정서 분석(Sentiment Analysis)을 통해서 사람이나 기업의 평가가 가능하죠. 한 사람이 쓰는 말을 통해 그 사람의 행동을 예측할 수 있을까요? 이 역시 자연어 처리 분야입니다.

이러한 기술을 바탕으로, 왓슨은 암 진단, 신용분석, 리서치, 요리법 개발 등 다양한 영역에 적용되고 있습니다. 영화 예고편을 만들고, 스포츠 하이라이트를 편집하며, 노래를 작곡하고, 글도 씁니다. 영상에 관련된 많은 사례를 이미 《미디어, 너 때는 말이야》에서 다뤘으니까 이 책을 읽어보시기를 권합니다.

먼저 작곡 분야를 알아볼까요? IBM이 만든 인공지능 작곡가의 이름은 '왓슨 비트(Watson Beat: 이하 왓슨)'입니다. 왓슨은 빌보드 순위에 곡을 올린 '유명' 작곡가입니다. 2018년 7월 빌보드 인기 록 차트에서 12위를 기록한 '낫 이지(Not Easy)'가 바로 왓슨의 곡이죠. 그래미상을 수상한 프로듀서인 알렉스 다 키드(Alex da Kid)와 공동 작곡했습니다.

인간과 인공지능의 작곡 대결. 그러나 인간과 인공지능은 경쟁이 아닌 협업의 대상입니다.

작곡은 화음, 멜로디, 장르, 사운드 등이 중요한 요소라고 합니다. 우리가 작곡을 하려면 음악 이론부터 시작해서, 곡조를 생각하고, 그에 따라 코드를 만들며, 여기에 사운드를 붙이죠. 왓슨 역시 다소 차이는 있지만, 이와 같은 훈련을 했습니다. 음표로부터 음악 이론과 구조 및 분위기를 해석하고, 이것을 바탕으로 곡을 만들었죠. 여기에 더해 톤 에널라이저(Tone Analyzer)가 가사와 텍스트에서 인간의 감정이나 사회 분위기, 언어 스타일을 측정하고, 앨케미 랭귀지(Alchemy Language)가 자연어 처리를 통해 텍스트에서 정서와 대상, 개념 등 더 세밀한 세부 사항을 분석했습니다. 즉, 곡 하나를 만들기 위해 이 곡이 갖는 분위기를 텍스트로 만들어가는 거죠. 그리고 마지막으로 사람 작곡가가 더 듣기 좋게, 대중이 좋아할 만한 곡으로 편곡합니다. 사람이 인공지능과 협업함으로써 좋은 결과를 가져온 한 사례입니다.

음악을 만드는 인공지능은 단지 왓슨만 있는 것은 아닙니다. 구글의 '마젠타스 엔시스(Magenta's NSynth)', 소니의 '플로우 머신즈(Flow Machines)', 스포티파이의 '크리에이터 테크놀로지 리서치(Creator Technology Research)'등이 이 분야의 선두주자입니다. 앞으로 빌보드 차트에서 인공지능이 만든

'플로우 머신즈가 13,000곡을 분석한 후 작곡한 비틀즈 스타일의 Daddy's Car

곡이 많아지게 될지 두고 볼 일입니다.

▷ 산불을 감시하고, 결제에도 사용되는 스노우앱

이번에는 미술 분야를 알아볼까요? 2018년 10월 25일, 미국 뉴욕의 크리스티 경매에서 인공지능이 그린 초상화 '에드몽드 드 벨라미(Edmond de Belamy)'가 약 4억 8,000만 원(43만 2,500달러)에 낙찰됐습니다. 기껏해야 1,000만 원을 받으면 많이 받을 것으로 예측했는데, 자그마치 50배에 가까운 거액에 낙찰된 것이죠. 이 그림을 보면 몇 가지 특징이 있습니다. 먼저 그림

인공지능이 그려 4억 8,000만 원에 팔린 그림(그림 10)

이 미완성작처럼 보입니다. 아직 마무리가 덜 된 것처럼 보이죠. 그리고 오른쪽 아래에 화가의 서명 대신 수식이 적혀있습니다. 인공지능이 그려서 수식이 사인의 역할을 한 것일까요? 이 그림은 프랑스의 한 예술 단체가 14세기에서 20세기 사이에 그려진 그림 약 1만 5,000여 점을 인공지능에게 학습시켜 나온 결과물입니다.

여러분들도 인공지능을 이용해서 그림을 만들 수도 있습니다. 대표적으로 구글이 만든 딥 드림(Deep Dream)은 아주 독특한 결과물로 사용자를 놀래킵니다. 여러분이 갖고 있는 이미지 파일을 이 사이트에 업로드하면 마치 꿈을 꾸는 듯

다소 기괴하기도 하지만 꿈을 꾸는 듯한 이미지로 만드는 딥 드림

한 몽환적 분위기의 이미지로 재창조하는데, 갤러리를 둘러보면 꽤나 멋진 작품들도 보입니다. 역시 구글이 만든 오토드로우(Autodraw)는 저처럼 그림에 소질이 없는 사람에게는 최고의 프로그램입니다. 대충 비슷하게만 그려도 어떤 것을 그리려고 하는지 알아차리고 비슷한 그림을 제시하기 때문에 멋진 그림을 그릴 수 있게 도와줍니다.

엉터리 그림을 인식해서 멋진 작품으로 만드는 오토드로우

엔비디아(NVIDIA) 리서치가 개발한 고갱(GauGAN)은 고갱(Gauguin)의 이름을 따서 만든 인공지능

스케치 툴입니다. 몇 번의 마우스 클릭만으로도 아주 멋진 풍경 사진을 만들 수 있죠. 스케치북에 대충 그림을 그리면 알아서 유사한 자연 환경을 그려주기 때문에 활용도가 매우 높습니다.

대충 그려도 화가처럼, 엔비디아 고갱2

'에드몽 드 벨라미'의 비하인드 스토리로 인공지능과 그림에 관한 내용을 마무리하려고 합니다. 그림 제목에 있는 '벨라미'라는 이름은 이 책의 Part 1에서 배운 GANs를 만든 발명가의 이름을 상징합니다. GANs를 만든 사람이 굿펠로(Ian Goodfellow)인데요. 프랑스어로 bel ami가 좋은 친구, 즉 good fellow라고 하네요. 그래서 굿펠로에게 헌정한다는 의미에서 이 그림의 제목을 벨라미로 지었다고 합니다.

다음은 여러분들이 자주 사용하는 앱을 알아보겠습니다. 앱에도 인공지능 기술이 적용되는데, 대표적으로 프리즈마(Prisma)와 스노우(Snow)입니다. 프리즈마는 사업 초기 마치 피카소의 작품과 같은 스타일로 이미지 변환을 해서 유명해졌죠. 지금은 다양한 필터를 적용해서 사진을 멋지게 만들어주는 것으로 더 많은 인기를 얻고 있습니다. 이러한 필터링 기술 역시 인공지능이 적용돼있습니다.

사진을 찍는다고 하면 대부분 스노우를 켤 정도로 국민 앱이 된 스노우는 사실 더 많은 활용성을 갖고 있습니다. 2020년

기준으로 전 세계 2억 명이 사용하는 이 앱은 인공지능이 얼굴과 눈코입을 인식해서 나에게 어울리는 얼굴형을 찾거나 메이크업을 적용할 수도 있고, 다양한 스티커 효과도 진짜처럼 사용할 수 있습니다. 그러나 이 회사의 3D 얼굴 추적 인공지능 엔진은 단지 사진 앱에만 머물지 않습니다. 얼굴을 인식하는 기능으로 오프라인 매장의 결제나 신분증 얼굴 사진 위조 검출 등에도 사용되는 등 보안 업계에서도 중요한 역할을 하고 있죠. 소량의 연기도 감지해서 산불을 발견하는 데에도 쓰입니다. 얼굴을 포함한 사물의 인식률을 높여서 이와 대조되는 상황을 판단하는 이상 탐지 분야에 적용될 수 있기 때문에, 사물을 인식한다는 것은 다양한 응용 분야에 적용이 가능한 매우 유망한 분야입니다.

▷ 영화 흥행 여부를 결정하는 인공지능

영화 보는 것을 싫어하는 사람은 없겠죠? 장르의 차이가 있을지언정 영화를 보는 것은 큰 즐거움이죠. 제작자의 관점에서 영화를 만드는 것은 큰 모험입니다. 2017년 이후 우리나라에서 상업 영화 평균 제작비는 100억 원을 돌파했습니다. 할리우드 영화의 제작비는 워낙 차이가 커서 평균의 의미가 없기 때문에 우리들이 좋아하는 마블 시리즈 영화를 기준으로 하면, 대체로

1,650억 원(1억 5,000만 달러)에서 2,200억 원(2억 달러) 정도입니다. 따라서 영화 한 편을 만들 때 흥행 성공을 위해 시나리오부터 특수 효과까지 그 어느 것 하나 소홀히 다루지 않습니다.

이렇게 큰돈을 다루는 영화 시장에서 인공지능을 그냥 지나칠 리 없겠죠. 할리우드는 영화의 흥행 가능성을 높이기 위해 영화 제작 모든 단계에 인공지능 기술을 적용해서 기획과 투자를 결정합니다. 대표적인 예가 LA에 있는 시네리틱(Cinelytic)입니다. 이 회사는 제작자의 역할을 인공지능이 할 수 있도록 알고리즘을 정교화하고 있습니다. 수십 년 동안의 영화 흥행 성적을 분석해서 영화의 주제에 따른 핵심 성공 요소를 머신 러닝으로 분석하고 있습니다. 그동안 흥행에 성공했던 영화의 데이터를 분석해보면 인간이 발견하지 못한 어떤 성공 패턴이 있을 것으로 판단한 거죠.

꽤나 타당하게 들리지 않나요? 이제까지 흥행에 성공한 수많은 영화를 데이터화해서 시나리오 때문에 영화가 성공했는지, 배우 때문에 성공했는지 판단하고, 이것을 바탕으로 영화를 제작하는 거죠. 만일 승리호의 주인공을 송중기 님이 아닌 이도현

인공지능이 할리우드의 미래가 될까요?

님으로 했다면, 혹은 김태리 님이 아닌 이주영 님이 했다면 어떤 결과가 나왔을까 대입해보는 거죠. 시네리틱의 소프트웨어

영화 흥행을 예측하는 시네리틱의 소프트웨어(그림 11)

는 시나리오에 따라 수많은 배우를 입력하고 그 성과를 비교해서 가장 수익을 극대화할 수 있는 방향으로 의사 결정하는 데 도움을 주고 있습니다.

벨기에 회사인 스크립트북(ScriptBook)은 대본을 분석하는 것만으로도 영화 흥행을 예측하는 소프트웨어를 만들었습니다. 이스라엘 회사인 볼트(Vault)는 영화 예고편이 소셜미디어에서 어떻게 유통되는지 데이터를 추적하는 방식으로 영화의 주고객이 누가 될 것인지 예측합니다. 파일럿(Pilot)이란 회사는 영화 개봉 18개월 전에 흥행 수익이 얼마나 될지 예측할 수 있다고 공언합니다.

영화를 만드는 데 여전히 감독의 역할이 중요하고, 배우가 누구인지 중요할 겁니다. 그러나 지금처럼 영화를 제작하는 데 있어 인공지능이 지속적으로 개입된다면 특정 영화 장르의 쏠림 현상이 강화되고, 감독과 배우 역시 특정인에게 몰리게 될 것입니다. 인공지능은 과거의 데이터를 기반으로 미래를 예측하기 때문에 무명의 감독과 배우를 뽑을 수 있는 안목은 없기 때문입니다.

이제 영화계도 영화인이라는 범주가 더 넓어질 것 같습니다. 이제까지는 시나리오 작가와 감독, 배우 등이 영화에서 가장 중요했다면, 이제는 데이터 분석가, 인공지능 알고리즘 기술자 등이 영화계의 핵심 인력이 되지 않을까요? 인공지능이 영화 제작의 모든 영역에서 매번 의사 결정을 하지는 않겠지만, 내년 가을 개봉 예정작에는 어떤 주제가 좋을지, 감독과 배우는 누구로 결정할지 등과 같은 핵심 사항에 대해 제작자에게 중요한 조언을 할 것 같습니다.

인공지능은
인간의 훌륭한 조력자

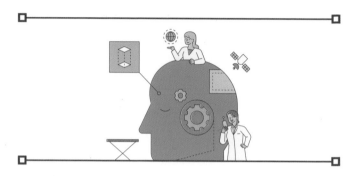

▷ 새로운 세상, 메타버스를 창조하라

2020년부터 갑자기 메타버스(Metaverse)란 말이 유행처럼 번졌습니다. 그전에는 증강현실, 가상현실이란 용어를 쓰더니, 언젠가부터 확장현실이란 용어를 사용하기도 하면서, 실감 미디어와 실감 콘텐츠의 시대라는 표현도 쓰기 시작했습니다.

용어는 특정 대상의 개념을 나타내기 위해 사용하지만, 저마다 다른 정의를 내리기에 더 헷갈리게 만들기도 합니다. 사물인터넷(Internet of Things: IoT)과 만물인터넷(Internet of Everything: IoE)의 차이는 무엇일까요? 인간과 인간, 인간과 사물, 사물과 사물 등을 서로 잇는 초연결을 의미하는 같은 용어이지만, 뉴스를 찾아보면 만물인터넷이 사물인터넷보다 한 단계 위에 있다고 설명합니다. 사실이 아닙니다. IoT는 1999년 프록터앤드갬블(P&G)에서 만든 용어이고, IoE는 2013년 시스코(Cisco)에서 만든 용어인데, 이러한 차이를 부각시키는 것은 시스코의 전략입니다. 시스코가 IoE라는 용어를 통해 시장에서 주도권을 잡으려는 이유죠. 일종의 마케팅 전략입니다.

저는 메타버스 역시 그렇다고 생각합니다. GPU를 만드는 엔비디아의 CEO인 젠슨 황(Jensen Huang)이 자사의 실시간 3D 시각화 협업 플랫폼 '옴니버스(Omniverse)'를 소개하면서 메타버스를 미래의 인터넷

옴니버스를 통해 메타버스를 소개하는 젠슨 황

으로 거론했고, 로브록스(Roblox)라고 하는 가상의 게임 플랫폼 기업이 기업공개(IPO)를 할 때 메타버스란 용어를 사용했습니다. 모두 2020년 가을에 있었던 일입니다. 사실 메타버스는 스티븐슨(Neal Stephenson)이 1992년에 쓴 ≪스노우 크래쉬≫라는 공상과학 소설에서 처음 사용됐습니다. 이 책에서 그가 언급한 메타버스의 정의는 간단히 말해서 가상의 세계입니다. 그러나 2020년 이후의 메타버스는 가상현실을 대체한 새로운 세계로 정의되기 시작하며, 갑자기 큰 유행을 불러일으킨 주인공이 된 거죠. 그러나 용어는 그저 스쳐가는 유행이라고 말할 수

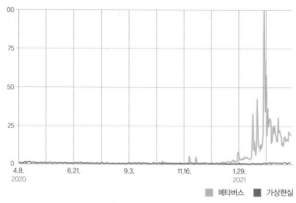

검색어 트렌드로 알아본 메타버스.
2021년부터 갑자기 메타버스를 검색하는 횟수가 증가하기 시작했습니다.(도표 3)

있지만, 그 의미는 단순하지 않습니다. 인공지능의 적용으로 온라인 공간이 인간의 새로운 삶의 공간으로 탄생할 수 있기 때문입니다.

저는 메타버스를 인간 커뮤니케이션을 지향하며, 현실과 비현실 활동을 즐길 수 있는, 확장현실 공간이라고 정의합니다. 분절된 공간이 아닌 연속선상의 공간이면서도 넓은 개념으로 생각합니다. 먼저 메타버스를 정의하는 첫 번째는 인간 커뮤니케이션입니다. 인간 커뮤니케이션은 다양한 수단을 통해 이뤄지죠. 말을 통해서 하는 커뮤니케이션을 언어적 커뮤니케이션(Verbal Communication)이라고 하고, 손짓과 몸짓, 얼굴 표정과 심지어 몸에 뿌리는 향수 등 말이 아닌 모든 것을 비언어적 커뮤니케이션(Non-Verbal Communication)이라고 합니다.

인간이 하는 커뮤니케이션을 주로 언어적 커뮤니케이션에 한정한다고 생각하기 쉬우나 이는 사실과 다릅니다. 오히려 인간은 비언어적 커뮤니케이션의 영향을 더 받습니다. 메라비언 박사의 연구에 따르면, 호감을 주는 커뮤니케이션의 역할을 언어(내용)가 7%, 목소리가 38%, 그리고 몸짓이 55%를 담당한다고 하며 7-38-55% 룰을 제시하기도 했습니다(Mehrabian, 1971). 비언어적 커뮤니케이션의 중요성을 밝힌 이 연구를 메라비언의 법칙(The Law of Mehrabian)이라고 합니다. 모든 커뮤니케이션 테크놀로지는 인간 커뮤니케이션을 지향합니다. 이렇게 언어, 비언어적 커뮤니케이션을 모두 가능하게 하는 공간일수록 높은 단계의 메타버스라고 할 수 있습니다.

현실과 비현실 활동을 모두 가능하게 한다는 의미는 말 그대로 우리가 살고 있는 공간에서 행동하는 모든 것이 가상현실에서도 가능해야 함을 의미합니다. 그중 가장 대표적인 것이 경제활동입니다. 가상현실 역시 우리가 무엇인가를 만들어서, 사고파는 경제활동을 하는 공간이 돼야 함을 의미합니다. 물론 엔씨소프트의 리니지 게임 같은 경우는 아이템을 살 수도 팔 수도 있습니다. 그러나 이 게임 안에서 자유로운 거래는 이뤄지지 않죠. 우리가 사는 현실과 같이 자유로운 거래가 이뤄지는 공간일수록 높은 단계의 메타버스라고 할 수 있습니다.

마지막으로 확장현실 공간은 현실에 더해서 혼합현실, 가상현실 등 현실의 경험을 극대화할 수 있는 공간을 말합니다. 더욱 생생한 느낌과 몰입감을 증가시키며, 시간 가는 줄 모르는 경험을 가능하게 하는 환경일수록 높은 단계의 메타버스라고 볼 수 있죠.

이를 종합하면 결국 가상현실 환경에서 경제활동을 포함한 우리의 일상생활을 영위할 수 있는, 그리고 인간 커뮤니케이션을 그대로 구현한 환경일수록 높은 단계의 메타버스라고 말할 수 있을 것입니다.

▷ 클릭 한 번으로 만드는 가상 세계

앞에서 엔비디아의 CEO가 메타버스를 미래의 인터넷이라고 말했다고 했죠? 지금부터는 미래의 인터넷이 될 메타버스 공

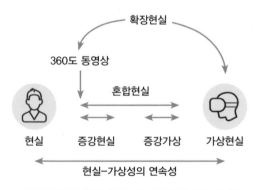

확장현실은 현실감을 극대화한 모든 경험을 말합니다.(그림 12)

간에서 인공지능의 역할을 이야기하려고
합니다. 일단 메타버스에 대해서 더 쉽게 이
해하기 위해서 여러분은 다음 중 하나는 꼭
해보시기를 바랍니다. 만일 여러분이 로브
록스나 포트나이트, 마인크래프트를 즐겼
었다면 여러분은 이미 어느 정도 수준의 메
타버스를 경험한 것입니다. 이것을 즐겨본
적이 없는 분은 지금 당장 제페토(Zepeto)

앱스토어 제페토

구글플레이 제페토

앱을 다운로드하고 회원가입을 하십시오. 그리고 잠시 이 책을
덮고 제페토 공간에서 한 시간 정도만 노닐다 오기를 권합니다.

제페토에서 사용자는 아바타(Avatar)를 통해 존재합니다.
지금은 스마트폰에서 왼손으로 방향을 조정하고, 오른손으로
점프를 하거나 특정 행동을 하지만 앞으로 몇 년 후에는 헤드마
운트디스플레이(Head-Mounted Display: HMD)를 끼고 양손에
는 콘트롤러나 촉각(Haptic) 인식 장갑을 끼고 자연스럽게 움직
일 수 있을지도 모르겠네요. 이 공간은 나와 같은 사람 아바타
가 있기도 하지만, 인공지능이 만든 가상의 에이전트(Agent)도
함께 있을 수 있겠죠. 가상의 공간이므로 모든 것이 가짜일 수
있습니다. 그러나 모든 것이 가짜일 수 있지만 또한 동시에 진짜
여야만 몰입도가 높아질 수 있는 요소도 있습니다.

대표적인 게 물리법칙이겠죠. 우리는 그동안의 경험 때문에

물건은 위에서 아래로 떨어지고, 빛에 의해 그림자가 생기며, 강한 충격으로 유리가 깨진다는 것을 잘 알고 있습니다. 만일 이러한 사실이 메타버스에서 재현되지 않는다면, 즉 현실과 메타버스의 물리법칙이 다르게 존재한다면 우리는 인지부조화 때문에 몰입하기가 힘들 겁니다. 물론 한참의 시간이 흘러 메타버스 네이티브(metaverse native), 즉 태어나면서부터 메타버스에 익숙한 세대는 아마 물리법칙조차 무시할 수 있겠죠. 그러나 적어도 MZ 세대 여러분들에게는 메타버스가 아무리 가상의 공간이라고 하더라도, 현실의 사실이 그대로 적용돼야 몰입할 수 있는 공간일 것입니다.

메타버스에서는 현실과 비현실 활동을 모두 할 수 있다고 했습니다. 메타버스에서 공연을 할 수도 있고, 공연을 볼 수도 있습니다. 상거래 활동도 할 수 있습니다. 친구를 만들 수도 있고, 연애도 할 수 있습니다. 인간 아바타와 소프트웨어 에이전트가 상호작용하는 공간이 될 수도 있죠. 또한 하늘을 날고, 깊은 바다를 헤엄치는 현실에서 일어날 수 없는 활동도 할 수 있습니다. 중요한 것은 이러한 활동을 하면서 진짜 같은 경험을 할 수 있느냐의 여부겠죠.

엔비디아는 자사의 기술이 적용된 인공지능이 무엇을 할 수 있는지 설명합니다.

인공지능은 메타버스에서 바로 이러한 진짜 같은 경험을 가

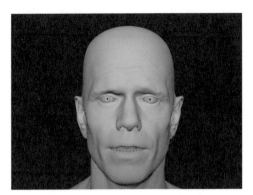

60개의 얼굴 근육 중 표정과 관련된 약 35개의 근육을
인공지능은 메타버스에서 구현합니다.(그림 13)

능하게 해주는 데 중요한 역할을 합니다. 메타버스 세상을 만드
는 데 인간이 일일이 모든 것을 만드는 건 불가능하겠죠? 그래
서 인공지능은 현실을 스캐닝해서 가상의 공간을 그대로 재현
합니다. 또한 무엇보다도 현실의 물리법칙을 그대로 적용시키게
합니다.

예를 들어 눈을 찡그릴 때 단지 눈 주변의 근육만 움직이는
것이 아니라 볼과 입 주변의 근육까지 함께 움직이게 되죠. 웃
을 때는 단지 입과 그 주변만 움직이는 것이 아니라, 최소 12개
에서 많게는 40여 개의 근육이 움직입니다. '와 진짜 같다'라고
느끼는 것은 바로 이러한 물리법칙의 영향이 크죠. 클릭 하나
로, 터치 하나로 물리법칙을 재현하게 만드는 것도 역시 인공지
능의 힘입니다.

엔비디아와 어도비(Adobe), 유니티(Unity)와 언리얼 엔진(Unreal Engine)과 같은 게임엔진은 바로 이러한 물리법칙을 그대로 재현함으로써 인간의 노동력을 최소화하면서 마치 현실과 같은 경험을 가능하게 하는 공간을 만듭니다. 이러한 도구를 사용함으로써 현실과 메타버스의 경계가 무너지는데, 그 핵심 기술이 바로 인공지능입니다.

▷ 30분의 법률 분석 시간을 6초로 줄인 인공지능

앞에서 음악과 미술, 메타버스 등 창의성과 관련된 재미있고 익숙한 분야를 이야기했으니, 이번에는 다소 딱딱하지만 중요한 이야기를 해보겠습니다. 법률과 의료 이야기입니다. 법조계 역시 인공지능의 적용이 기대되는 분야입니다. 모든 법률 내용은 문서로 돼있죠. 따라서 앞서 설명한 머신 러닝을 통한 자연어 처리가 기대되는 분야입니다. 이제까지 있었던 수십, 수백만 건의 판례를 분석하면 일정한 패턴이 나오지 않을까요? 인간은 이것을 일일이 읽고 판단해야 하지만, 인공지능은 빠르고 정확하게 일관성 있는 평가와 판단을 할 수 있습니다. 이제까지 있었던 사례 분석은 기계에게 맡기고 인간은 기계가 검증하기 힘든 분야를 맡는다면 훨씬 효율적이겠죠.

2016년에 미국에서 가장 큰 법률회사 중 하나인 베이커앤호스테틀러(Baker&Hostetler)는 IBM 기반의 '로스(Ross)'라는 세계 최초의 인공지능 변호사를 고용했습니다. 변호사라고 해서 법정에서 논리 다툼을 하는 변호사를 떠올릴 필요는 없습니다. 실제로 신참 변호사는 법정은 고사하고, 사무실에서 판례 정리하는 데 바쁘니까요. 로스 역시 이와 같은 일을 했습니다. 수임한 사건과 관련된 판례 수천 건을 검색해 도움이 될 만한 내용을 골라내는 일을 한 것이죠. 신참 변호사를 대체할 수 있게 된 것입니다.

로스는 단지 판례 검색만 한 것은 아닙니다. 판례를 찾은 후 인간 변호사와 질문과 대답을 통해서 법정에서 일어날 일을 준비했죠. 상대측에서 제기할 만한 문제를 로스가 질문하기도 하고, 가장 적절한 답변을 제시하는 역할도 했습니다. 로스는 단독으로 역할을 수행할 수는 없지만, 전문가의 일을 도와주는 조력자 역할은 충분히 할 수 있음을 보여줬습니다.

우리나라에서도 2019년에 인공지능 변호사와 관련된 흥미로운 사건이 있었습니다. 한국인공지능법학회가 주최한 '제1회 알파로 경진대회'에서 사람 변호사 9개 팀과 사람과 인공지능이 협업한 인공지능 변호사 3개 팀 등 총 12개 팀이 근로계약서 자문을 놓고 경연을 했

법률 분야에서도 인공지능과의 협업이 기대됩니다.

는데 인공지능 변호사 팀이 전체 1, 2, 3등을 차지했습니다. 게다가 3등을 한 팀은 변호사가 아닌 일반인이 인공지능과 팀을

이뤄 만든 성과라서 놀라움을 자아냈죠. 총 150점 만점이었는데 3등을 한 팀이 107점이었는 데 반해, 사람 변호사 중에 1등을 한 전체 4등의 점수가 61점밖에 되지 않아 인공지능의 능력이 더욱 돋보였습니다. 이러한 결과를 가져온 가장 중요한 원인은 결국 시간이었습니다. 사람 변호사가 20분에서 30분이 걸리는 법률 분석을 인공지능 변호사인 알파로는 단 6초 안에 수행해냈기 때문이죠.

법조계에 인공지능이 적용될 수 있는 분야는 다양합니다. 앞서 살펴본 예처럼 문서 검색은 가장 기본적인 일이 되겠죠. 수많은 판례를 학습함으로써 효율성을 증가시킬 수 있습니다. 특정 소송 내용에서 보이는 패턴을 찾는다면 승소하는 데 큰 도움이 되겠죠. 이러다 보니 소송 결과를 예측하기 위해 사용되기도 합니다. 의뢰인이 가장 궁금해하는 것이 승소 가능성일 텐데, 바로 이런 의구심을 해소할 수 있는 것이죠. 당연히 수임료와도 연관이 되겠죠?

기업을 인수합병할 때 인공지능의 역할은 더욱 돋보이죠. 인수합병을 하기 위해서는 수천에서 수만 페이지로 구성된 회사 자료를 분석해야 하는데, 머신 러닝은 문서를 통한 정보를 파악하는데 뛰어난 역량을 보입니다. 이혼 과정에서도 인공지능은 뛰어난 성과를 보일 수 있습니다. 미국에서는 이혼을 하기 위해 소송을 했을 경우, 약 1년이 소요되고 3,000만 원(2만 7,000 달러) 정도의 비용이 든다고 합니다. 이혼의 경우 원인과 결과에 있어 비슷한 패턴을 보이기 때문에 이것을 솔루션으로 만든다면, 시간과 비용 절감을 할 수 있겠죠. 이 밖에도 계약, 의료과실 분석 등 인공지능은 법률 분야에서 변호사를 돕는 훌륭한 보조원으로 적극 채용되고 있고, 앞으로 그 적용 분야는 더욱 넓혀질 것으로 예측하고 있습니다.

▷ 인공지능의 도움으로 최고의 성과를 내다

그러나 인공지능이 늘 성공적인 결과를 가져오는 것은 아닙니다. 2016년은 우리나라에 인공지능 열풍이 분 해였습니다. 일반인에게는 알파고와 이세돌의 바둑 경기가 널리 알려졌지만, 의료 분야에 도입된 '왓슨 포 온콜로지(Watson for Oncology: 이하 왓슨)' 즉 암 진단과 치료를 담당하는 솔루션으로 대한민국 의료계는 기대와 우려로 인공지능을 접했습니다. 국내에서는 처음으로 길병원이 도입했고, 이어서 대구가톨릭대병원, 건양대병원, 조선대병원, 전남대병원, 중앙보훈병원 등 특히 지방에 있는 병원이 적극적으로 도입했습니다. 큰 병이 걸리면 서울로 가는 환자를 붙잡기 위한 지역 병원의 승부수였습니다. 인공지능의 도움을 받아 치료를 한다는 병원의 전략은 환자에게 완치의 기대를 불러일으키기 때문에 좋은 시도였겠죠.

의료진은 전 세계에서 쏟아지는 논문을 읽고, 임상 연구를

인공지능 왓슨을
가장 적극적으로
사용하는 인천 길
병원

해야 하며, 환자 개개인에게 적합한 정보를
찾기 위해 많은 시간을 들입니다. 암을 치료
하고 연구하는 방식은 늘 새롭게 발전하기
때문에 의료인들은 정보를 지속적으로 업
데이트해야 하죠. 환자를 치료해야 할 뿐만
아니라 연구도 해야 하기 때문에 정말 바쁩니다. 상황이 이렇다
보니, 의사가 환자를 만나는 회진 시간은 점점 줄어들고, 환자
에게 적절한 정보를 제공하는 것은 더욱 힘들게 되죠. 인공지능
왓슨은 바로 이러한 문제를 해결하기 위해 개발됐습니다.

전 세계에서 가장 유명한 암 병원 중 하나인 메모리얼 슬론
케터링(Memorial Sloan Kettering) 암센터의 암 전문의와의 협
업으로 300종 이상의 의학저널과 200권 이상의 전문서적, 1만
5,000쪽 분량의 암 치료 관련 연구 자료와 우수 사례를 학습한
후, 왓슨은 환자의 의료 기록을 분석하고, 의료 근거를 평가해
서 가능한 치료 방법을 신뢰도가 높은 순으로 표시합니다. 그러
면, 암 전문의는 왓슨이 제공한 정보와 자신의 전문 지식을 활
용해 가장 적절한 치료 방법을 찾아냅니다.

그러나 이러한 장점은 현실에서 잘 구현되지 못해 왓슨은
현재 개발이 중단된 상태입니다. 많은 이유가 있었지만, 무엇보
다도 가장 큰 문제는 왓슨과 의료진의 의견 일치율이 매우 낮았
기 때문입니다. 메모리얼 슬론 케터링 암센터에서 왓슨과 의료

진의 의견 일치율이 90~100%였던 데 반해, 우리나라를 비롯한 다른 나라에서는 50% 이하까지 떨어지는 매우 낮은 결과를 보이기 때문에 왓슨에 대한 신뢰도는 떨어질 수밖에 없습니다.

이러한 결과가 발생되는 이유는 역시 데이터 때문입니다. 미국의 데이터를 활용한 왓슨이 한국이나 다른 나라에 그대로 적용되지 않는 것이죠. 이를 해결하기 위해서는 각 나라의 데이터를 모아서 분석해야 하는데, 이렇게 하기 위해서는 많은 비용이 들기 때문에 해결이 쉽지 않습니다. 인공지능으로 좋은 산출물을 내기 위해서 적합한 데이터가 필요하다는 교훈을 얻은 하나의 예입니다.

작곡가와 화가, 변호사와 의사 등 앞선 사례에서 보여준 인공지능의 역할은 분명합니다. 특정 전문 영역에서 인공지능이 단독으로 판단과 결정을 하도록 맡기기보다는 전문가가 인공지능과 협업을 해서 더 좋은 성과를 내도록 해야 한다는 것이죠. 인공지능의 능력을 파악하기 위해 인공지능 단독으로 무엇인가를 산출하게 하는 테스트를 하는데, 이것은 단지 보여주기식의 이벤트일 뿐입니다. 인공지능을 효과적으로 사용하는 방법은 인간 전문가가 인공지능의 도움을 받아서 최선의 선택을 할수 있도록 하는 것입니다. 현재 진행되고 있는 인공지능의 개발방향 역시 이러한 철학에 기반을 둡니다. 인간이 하기 싫어하고(문서 검색과 같은 단순 작업), 잘 못 하는 일(나노 크기의 불량품 확인) 등에 인공지능 기술을 적극적으로 도입하고, 인간과의 협업을 통해서 효율성을 극대화할 수 있는 분야로 개발하는 것입니다. 이러한 이유 때문에 인공지능 시대가 되더라도 인간의 창의성은 여전히 중요하고, 인간의 의사결정 능력 또한 여전히 유효할 것입니다.

내 마음에 쏙 드는 친구를 만드는
인공지능

▷ 인간도, 인공지능도 커뮤니케이션 능력은 훈련의 결과

　인공지능이 가장 활발하게 적용되고 있는 분야 가운데 하나는 커뮤니케이션 분야입니다. 상호작용을 하는 분야를 말하죠. 음성, 텍스트, 이미지 등 다양한 방식의 커뮤니케이션을 통해 사람과 상호작용하는 데 사용됩니다. 물론 단순히 사람과의 커뮤니케이션에만 한정되지는 않습니다. 초연결시대에는 사람과 사람, 사람과 사물, 그리고 사물과 사물 간의 커뮤니케이션이 모두 포함되기 때문이죠. 이 가운데 가장 어려우면서도 우리의 일상생활에서 가장 많이 사용되는 것이 사람과 사물의 커뮤니케이션이기 때문에 인공지능의 활용은 큰 도전입니다.

여러분의 스마트폰 활용도를 생각해보시면 됩니다. 애플을 쓰시는 분은 시리, 안드로이드 OS를 쓰시는 분은 구글 어시스턴트가 스마트폰의 음성 커뮤니케이션을 돕습니다. 여러분은 스마트폰을 사용할 때 이러한 음성 어시스턴트 기능을 얼마나 사용하시나요? 제가 가르치는 학생에게 질문을 해보니 거의 사용하지 않는 경우가 대부분이었습니다. 이유는 간단합니다. 똑똑한 어시스턴트가 아니라 답답하고 어리석은 어시스턴트이기 때문입니다. 말귀를 못 알아듣는다는 거죠. 날씨와 스포츠 경기 결과 등 업체에서 예시로 드는 질문에 대한 답변은 잘하는데, 스마트폰을 사용하기 위한 명령을 하거나 조금이라도 사용자 개인에 대한 질문을 하면 전혀 뜻 파악을 못 한다는 겁니다.

커뮤니케이션은 매우 어려운 작업입니다. 여러분의 친구를 생각해도 좋습니다. 어떤 친구는 대화가 잘 통하는데, 어떤 친구는 그렇지 않죠. 커뮤니케이션은 우정을 쌓게도 하고, 관계를 멀게 만들기도 하는 매우 중요한 변수입니다. 그래서 저는 우리 학생들에게 이렇게 말합니다. "인간은 모두 커뮤니케이터(Communicator)이지만, 굿(Good) 커뮤니케이터는 아니다." 인간은 그 자체로 언어와 비언어적 요소로 다른 사람과 상호작용하는 커뮤니케이터로 태어났지만, 커뮤니케이션을 잘하고 못하고는 훈련의 결과이기 때문에 좋은 커뮤니케이터가 되기 위해서는 그만큼 많은 연습이 필요합니다. 만일 여러분 가운데 다른 사람과의 대화가 어렵고, 앞에 나가서 발표하는 것이 불편한 사람이 있다면, 먼저 자존감(Self-esteem)을 높이는 훈련부터 시작해보십시오. 커뮤니케이션 능력은 자존감과 밀접한 관계가 있습니다. 그리고, 매일 거울을 보고 책을 30분씩 읽는 것으로 훈련을 시작하기를 권합니다. 커뮤니케이션은 훈련의 결과임을 명심하기 바랍니다.

인공지능의 커뮤니케이션 능력도 마찬가지입니다. 언어와 대화에 관련된 질 좋은 데이터를 확보해야 합니다. 질이 좋은 데이터를 확보하는 것은 매우 중요합니다. Part 4에서 인공지능 친구 이루다의 사례를 분석했는데, 이루다가 문제를 일으킨 이유 중의 하나는 질이 좋지 않은 데이터를 사용했기 때문입니다. 예를 들어, 여성과 특정 인종을 비하하는 대화, 폭력적인 대화, 욕과 상스러운 단어가 섞인 대화를 기본적인 데이터로 사용했다면 인간과의 대화 중에 이러한 대화를 진행할 수도 있습니다. 상호작용을 하기 위해 인공지능이 훈련해야 하는 첫 번째 단계는 좋은 데이터를 수집하는 것입니다. 그리고 이 데이터를 바탕으로 적재적소에 사용할 수 있는 대화법 알고리즘을 개발해야겠죠. 데이터를 갖고 얼마나 잘 훈련할 것인가의 여부가 좋은 대화를 만드는 기초가 되는 것

질문과 대화를 이어갈 수 있을 정도의 능력을 가진 소피아

입니다.

▶ 스마트홈의 핵심, 인공지능 스피커

인공지능 이야기를 하니까 벌써 인공지능의 시대가 온 것 같습니다. 인공지능이라는 단어가 많은 곳에서 사용되고 있어 전혀 새로울 것도 없이 느껴지기도 하고요. 그렇지만, 사실 인 공지능이 제대로 구현되는 분야는 거의 없다고 해도 과언이 아 닙니다. 데이터를 말하면 무조건 빅 데이터를 갖다 붙이며 마치 이전과 다른 새로운 것인 양 소개하고, 인공지능 역시 여기저기 에 갖다 붙이며 마치 인공지능 시대가 온 것처럼 소개하는데, 사실 인공지능의 적용은 이제 막 시작했다고 볼 수 있습니다. 대 부분의 분야에서 알고리즘의 완성도는 아직 초보 단계에 머무 르고 있기 때문에 그 가능성을 짐작할 뿐이죠.

인공지능 서비스가 되려면 개인의 속성을 파악해 개인화 서 비스가 제공돼야 합니다. 지금 나오는 대부분의 인공지능 서비 스는 매우 제한적 수준입니다. 기술이 사용자에 맞춰져야 하는 데, 사용자가 기술에 맞추는 식이죠. 이러한 마케팅이 인공지능 에 대한 일반인의 기대를 무너뜨릴까 염려될 정도로 여전히 빅 데이터와 인공지능은 갈 길이 먼 미완성 분야입니다.

앞서 얘기한 인공지능 커뮤니케이터 역시 아직 갈 길이 멉 니다. 이러한 한계를 인식하고 인공지능 스피커를 살펴보겠습니다. 인공지능 스피커 하면, 역시 아마존의 '에코(Eco)'와 구글의 '구글 홈'이 대표적입니다. 이외에도 세계 각국의 IT사들은 자사의 인공지능 스피커를 선보이며 사업 다각화를 꾀하고 있습니다. 우리나라에서도 네이버가 '프렌즈'를, 카카오는 '카카오미니'를, KT는 '기가지니'를, 그리고 SK텔레콤은 '누구'를 통해 스마트홈 서비스 시장을 선점하기 위해 경쟁 중입니다.

기업은 왜 이렇게 완성도가 떨어진 제품을 굳이 시장에 선보일까요? 제대로 작동을 못 하면 사용자의 불만족이 쌓일 테고, 그렇다면 브랜드에도 큰 타격을 입을 텐데 왜 이렇게 무리를 하면서 판매를 할까요? 실제로 기업은 인공지능 스피커를 원가 이하로 판매하고 있습니다. 적자를 각오하면서도 인공지능 스피커를 소비자에게 뿌리는 이유는 데이터를 수집하기 위해서입니다. 구글이나 애플은 자사의 OS를 탑재한 스마트폰과 태블릿을 통해서 전 세계로부터 데이터를 수집하고 있는데, 다른 기업은 그렇게 할 수가 없죠. 이러한 흐름이 계속되면, 데이터를 수집한 기업과 그렇지 못 한 기업의 인공지능 기술 격차는 회복할 수 없을 정도로 벌어지게 됩니다. 따라서 기업은 기술이 아직 부족하고, 적자여도 제품을 시장에 내놓아 사용자들이 사용하게끔 해야 합니다.

그렇다면 왜 스피커가 데이터를 수집하

누군가에게 인공지능 스피커는 생활필수품입니다.

는 기기가 됐을까요? 이 질문은 가정에서 인공지능 스피커가 스마트홈의 대표적인 기기가 된 것과도 연계가 됩니다. IT와 가전 업계는 스마트홈의 허브 역할을 어떤 기기가 맡으면 좋을지 오랜 기간 동안 다양한 기기를 테스트해왔습니다. 처음에는 TV와 컴퓨터가 대결을 했습니다. TV는 대부분의 가정에 모두 설치돼 있다는 점에서, 그리고 컴퓨터는 복잡한 명령을 잘 따를 수 있다는 점에서 각각 장점이 있었습니다. 그러나 두 기기 모두 사용성과 가격 면에서 부적절했습니다. 그러다가 나타난 게 게임 콘솔 기기였습니다. 마이크로소프트의 X-Box나 소니의 플레이스테이션이 홈오토메이션의 허브가 되고자 했죠. 냉장고도 도전을 했습니다. 늘 전원이 켜져있다는 점이 최대 장점입니다. 오래 사용할 수 있다는 점도 좋고요. 그러나 가격이 만만치 않습니다.

이런 점에서 스피커는 많은 장점을 갖고 있습니다. 늘 전원이 켜져있고, 음악을 듣는 도구로도 사용할 수 있기 때문에 10만 원대의 가격이 그렇게 비싸게 느껴지지도 않습니다. 작은 사이즈로 가격을 낮춰 각 방마다 놓아둔다면 집안 어디에서도 대화하며 명령을 내릴 수 있습니다. 무엇보다도 작고 예뻐서 인테리어 소품으로도 훌륭해 갖고 싶다는 욕심이 듭니다.

스마트홈의 허브가 무엇이 될지 아직까지 불확실하지만, 확실한 것 하나는 미래의 스마트홈 허브가 지금과 같은 방식은 아니라는 것입니다. 우리가 하는 가장 이상적인 커뮤니케이션은 대면 커뮤니케이션입니다. 서로 마주하며 대화를 하는 것이죠. 스마트홈 허브의 역할은 인간과 집에 있는 모든 기기를 연결해주는 커뮤니케이션의 대상물이 된다는 것입니다. 어떻게 하면 인간과 대화하는 듯한 경험을 줄 수 있을지 그 숙제를 푸는 기기가 스마트홈의 허브가 될 것입니다.

이런 어시스턴트라면 집에 놔두고 싶지 않을까요?

▶ 내 친구 사이버 휴먼 김래아

포트나이트 게임으로 유명한 에픽 게임즈(Epic Games)는 언리얼 엔진으로 자사의 콘텐츠를 제작합니다. 《가상현실, 너 때는 말이야》에서 게임엔진과 언리얼 엔진을 자세히 다뤘으니 관심 있으신 독자분께서는 이 책을 참고하시고요. 에픽 게임즈는 2021년 2월에 새로운 소프트웨어 프로그램인 메타휴먼 크리에이터(MetaHuman Creator)를 소개했는데, 이것을 이용해서 디지털 휴먼(Digital Human)을 만들 수 있게 됐습니다.

디지털 휴먼, 메타휴먼, 사이버 휴먼(Cyber Human), 버추얼 휴먼(Virtual Human) 등 이름은 제각각이지만 정의는 유사합니다. 실제 인간이 아닌 소프트웨어로 만든 가상의 인간이죠. 물론 이제까지 소프트웨어로 만든 가상의 인간은 많이 있었습니다. 역사도 오래됐죠. 먼저 만화 캐릭터도 가상의 인간으로 볼 수 있겠죠. 어느 누구도 진짜 사람과 똑같이 생겼다고 생각하지는 않지만, 그 만화 캐릭터에 감정을 이입해서 볼 수 있으니 이것 역시 가상의 인간으로 볼 수 있습니다.

1998년에는 우리나라에서 최초의 사이버 가수가 등장했습니다. 아담이라는 이름으로 등장한 이 가수는 만화스러운 캐릭터이긴 했지만 컴퓨터 그래픽의 느낌이 강해서 당시 큰 주목을 받았습니다. 일본의 사이버 가수인 하츠네 미쿠는 전 세계적으로 가장 널리 알려져있죠. 이러한 캐릭터는 진짜 같은 인간의 모습보다는 만화 캐릭터에 가까웠습니다.

최근에 사이버 휴먼이 다시 관심을 받는 이유는 사실성에 있습니다. 즉 실제 인간과 구분하기가 어려울 정도로 똑같아진 거죠. 2021년 CES에서 LG전자는 새로운 시도를 했습니다. 사이버 휴먼 김래아(Reah Keem)가 미디어 발표회에서 프레젠테이션을 맡았기 때문입니다. LG전자는 음악가이자 DJ인 23세 여성 김래아에게 인공지능 기술을 기반으로 목소리를 입히고, 움직임을 만들었습니다. 완벽하게 인간의 모습을 갖춘 것은 아니지만, 앞으로 5년 뒤의 모습은 어떻게 변할 것인지 궁금합니다..

반면 메타휴먼 크리에이터로 만든 사이버 휴먼은 사실성이 매우 뛰어납니다. 입 모양, 입이 움직일 때 얼굴 근육의 움직임,

LG전자 전속 모델인 디지털 휴먼 김래아(그림 14)

말을 할 때 머리 부분이 미세하게 움직이는 것조차 신경 썼습니다. 중요한 것은 이렇게 사이버 휴먼을 만드는 게 어렵지 않다는 것입니다. 클릭 하나로 헤어스타일과 수염, 주름, 나이대와 눈, 얼굴, 몸 등 모든 것을 마음대로 바꿀 수 있으니 똑같이 생긴 사이버 휴먼은 존재하지 않게 되는 것이죠. 수십, 수백만 명의 사이버 휴먼을 만든다고 해도 모두 다른 생김새를 지닌 사이버 휴먼으로 창조할 수 있습니다.

앞서 소개한 메타버스와 같은 가상세계를 만들 수 있는 소프트웨어가 많이 선보이고 있습니다. 엔비디아, 어도비, 오토데스크, 유니티, 언리얼 엔진 등이 사실감을 극대화하며 현실과 같은 물리법칙이 적용된 가상

2018년 에픽 게임즈에서 만든 디지털 휴먼

믿겨지시나요? 이 사람들이 모두 메타휴먼 크리에이터로 만든 사이버 휴먼입니다. (그림 15)

2021년 디지털 휴먼. 3년 만에 이런 차이를 보였다면, 미래의 디지털 휴먼은 인간과 정말 똑같지 않을까요?

의 공간을 만들고 있죠. 이러한 공간에 메타휴먼 크리에이터로 만든 에이전트인 사이버 휴먼이 돌아다니고, 인간과 상호작용하며 무언가를 하는 시대가 온다는 것은 자연스러운 미래 예측이 아닐까요? 이러한 세상이 되면 진짜 사람과 가짜 사람의 구분이 무슨 의미가 있을까요? 김래아처럼 인공지능으로 목소리를 입히고, 진짜 같은 몸짓을 하게 만든다면, 게다가 내가 좋아하는 이상형으로 만들어진다면, 가상세계에서의 인간관계는 현실보다 더 좋아질까요, 나빠질까요? 사이버 휴먼과의 인간관계는 지금 진행형입니다.

▷ 가상 인플루언서의 1년 수입이 130억 원

최근 챗봇(Chatbot)을 활용하는 기업이 많아졌습니다. 챗봇은 채터봇(Chatterbot)이라고도 하는데, 말 그대로 채팅을 하는 로봇을 말합니다. 대화하는 인공지능 기계라고 생각하면 됩니다. 네이버, 카카오톡, 페이스북 등 대부분의 커뮤니케이션 사업을 하는 기업은 챗봇을 구동할 수 있는 서비스를 제공하고, 은행이나 카드회사, 보험회사, 통신사 등의 1:1 대화는 대부분 챗봇이 응대합니다. 간단한 문의 사항 등은 텍스트, 이미지, 인터넷 사이트 등을 제공하며 빠른 속도로 응답함으로써 고객 만족도를 높이려고 합니다. 챗봇은 딥 러닝을 활용해서 답변을 합니다. 1년 365일, 24시간 쉬지 않고 고객들의 물음에 일일이 답할 수 있기 때문에 기업 입장에서는 매우 효율적이겠죠?

그러나 챗봇이 불편한 사용자도 있겠죠. 이럴 경우를 위해 직원과 채팅을 할 수 있는 기능도 만들어놓았지만, 직원을 고용하는 것은 기업의 입장에서는 비용이 들기 때문에 가능한 한 챗봇을 활용하려고 합니다. 그래서 등장한 서비스가 바로 사이버 휴먼 챗봇입니다. 기존에는 텍스트 기반으로 대화가 이뤄졌다면, 이제는 사이버 휴먼이 나와 대화를 하는 것이죠. 물론 인공지능이 탑재돼있기 때

다양한 분야에서 사이버 휴먼을 활용하고 있습니다.

문에 사전에 시뮬레이션이 된 대로 대화가 가능합니다. 고객이 자주 묻는 질문은 아무래도 정확한 답변을 하겠죠.

유니큐(UneeQ)는 이와 관련해서 가장 앞선 기술을 갖고 있

는 기업입니다. 이 기업에서는 금융업, 통신사, 헬스케어, 소매업, 고객 관리 등의 분야에서 사이버 휴먼을 활용할 수 있는 솔루션을 갖고 있죠. 싱가포르 최대 통신사인 싱텔(Singtel)은 무인 매장에 스텔라(Stella)라는 사이버 휴먼을 배치해 24시간 내내 고객을 맞이합니다. 미아(Mia) 역시 호주의 유뱅크(Ubank)에서 대출 관련 업무를 하루 종일 담당하고 있습니다. 공공 분야에서 일을 하는 사이버 휴먼도 있습니다. 소피(Sophie)는 헬스 어드바이저로 최근에는 코로나에 대한 상담을 담당하고 있습니다. 현재 수십 개의 기업에서 유니큐의 사이버 휴먼을 비즈니스에 활용하고 있습니다. 보험회사에서 일하는 사이버 휴먼인 애이미(Aimee)는 3개월간 7,000명과 대화를 했는데, 고객 만족도가 95%에 이를 정도로 큰 성공을 거뒀습니다.

2019년 진행한 릴 미켈라와 삼성의 콜라보

사이버 휴먼 이야기를 조금 더 해볼까요? 아직까지는 인공지능 기능이 적용되지 않았지만, 사이버 휴먼 중에는 셀럽(Celebrity)도 있습니다. 릴 미켈라(Lil Miquela)는 가장 유명한 가상 인플루언서(Virtual Influencer)입니다. 인스타그램에서 활동하는 것을 목표로 만든 릴은 2016년 4월에 처음 선보인 이래로 유튜브와 틱톡까지 진출해서 세계적인 셀럽으로 성장했습니다. 특히 패션 모델과 뮤지션으로 명성을 떨치고 있는데, 2019년 수익이 약

130억 원(1,170만 달러)에 이를 정도로 웬만한 슈퍼스타는 명함도 못 내밀 정도의 셀럽입니다. 그녀가 구찌 옷을 입고 인스타그램에 포스팅을 할 경우, 약 1,000만 원(8,500달러)을 받는다고 하니, 포스팅 전체의 가치가 어마어마하겠죠? 이러한 유명세로 인해 프라다, 캘빈 클라인, 삼성, 소다, 바비 브라운 등의 기업의 광고를 했고, 〈보그〉, 〈가디언〉, 〈V〉 등의 잡지에도 등장했습니다. 릴과 같은 사이버 휴먼 셀럽에게 인공지능 기술이 적용되리라 예측하는 것은 너무나 당연하겠죠? 결국 시간문제인데, 만일 자유로운 커뮤니케이션이 가능한 릴 미켈라가 선보인다면, 지금보다 훨씬 영향력이 큰 가상 인플루언서가 될 것입니다.

3백만 팔로워를 갖고 있는 가상 인플루언서 릴 미켈라(그림 16)

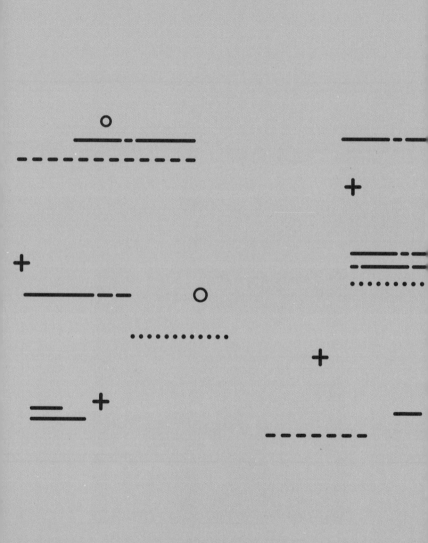

PART 3

인공지능,
하나밖에
못 하지만
그 분야에서는
넘사벽

알아서 판단하고, 결정하는 능력자

▶ 스스로 판단하고 행동하는 인공지능

자동(Automation)과 자율(Autonomous)은 유사한 듯하지만 큰 차이가 있습니다. '자동'은 인간이 사전에 입력한 프로그램대로 작동하는 것을 말합니다. 예를 들어 엑셀 프로그램에 수식을 입력하면 자동으로 우리가 원하는 값을 알려주는 식이죠. 시뮬레이션도 한 예입니다. 우리가 어떤 반응을 보이면 그에 적절한 대응을 하는데, 이것은 사전에 설계된 대로 반응을 하는 것입니다. 만일 설계되지 않은 행동을 보이면 엉뚱한 반응을 보이죠. 이러한 자동화 시스템은 공장이나 실험실과 같은 제한 인공지능이 하는 자율적 판단의 최고봉은 역시 자율주행 자동차가 아닐까요?

된 환경에서 인간이 명령한 대로 작동하기 때문에 알아서 판단하거나 스스로 행동하는 경우는 있을 수 없습니다.

여러분이 갖고 있는 스마트폰의 음성인식 시스템을 사용해볼까요? 아이폰은 '시리', 삼성은 '빅스비'를 부른 후 다음과 같이 말해보시죠. "내일 날씨는 어때?", "루트 2의 값은 뭐야?", "지금 대한민국 대통령은 누구야?" 이러한 질문에 '시리'와 '빅스비'는 정확히 답변을 할 겁니다. 그러면 이번에는 이렇게 질문해보시죠. "BTS를 어떻게 생각해?", "트럼프 대통령은 좋은 대통령이야?" 이러한 질문에 대한 답변은 엉뚱할 겁니다. "그건 잘 모르겠습니다. 제가 도울 수 있는 다른 부분이 있을까요?"라고 하거나 "몇 가지 검색 결과입니다"라고 말하곤 인터넷 검색 결과를 보여주죠. 인공지능으로 작동된다고 하기에는 부족함이 많습니다.

지능형 개인 서비스라고 불리는 인공지능 서비스는 앞서 질문한 것과 같이 사전에 훈련받은 질문에 대해서는 찰떡같이 답변합니다. 그래서 이러한 질문을 계속해서 던지면 마치 대화를 하는 것과 같은 기분이 들기도 합니다. 그러나 아직 충분한 훈련이 안 돼 있기 때문에 사전에 훈련받은 질문 외에는 엉뚱한 답변을 합니다.

반면, '자율'은 스스로 판단해서 행동할 수 있습니다. 자동화의 차원을 넘는 것으로 개방적이면서도 비구조화된 실제 환경에서 인공지능 알고리즘으로 수준 높은 판단을 하고 행동하는 것을 의미합니다. 자율 시스템이 작동되기 때문에 가능한 거죠. 자율 시스템은 주변 환경과 상호작용하며 작업을 수행하면서, 인간의 개입을 최소화해 목표를 달성할 수 있는 가상의 소프트웨어 및 하드웨어 시스템을 말합니다. 인간의 개입을 최소화하기 때문에, 스마트공장에는 사람이 없고, 스마트홈에는 집주인이 밖에 있어도 알아서 로봇이 집안 청소를 하고, 난방기나 에어컨이 가습기와 함께 작동해서 최적 환경을 유지하게 되죠.

초연결 지능정보화 사회의 핵심은 인공지능의 판단과 행동입니다.(그림 17)

스마트홈, 스마트시티, 스마트공장 등 우리가 '스마트'라고 부르는 것은 단지 프로그램화된 것에 따르는 것이 아니라, 인공지능이 스스로 판단해서 결정하는 것을 의미합니다. 그래서 '스마트'가 붙은 단어는 필연적으로 자율 시스템을 포함하고 있습니다. 자동과 자율을 구분 짓는 핵심어는 바로 판단과 행동입니다.

▷ 인공위성이 찍고, 인공지능이 분석한다

투자 애기를 할까 합니다. 아마 주식시장은 많이 들어보셨으리라 생각하는데, 선물시장(先物市場, Futures Market)에 대해서는 잘 모르는 분이 많을 것 같아요. 선물시장은 특정 상품을 미래 일정 시점에 인도, 인수할 것을 약속하는 거래를 하는 시장을 말합니다.

선물시장도 주식시장처럼 예측을 기반으로 이뤄집니다.(그림 18)

배추의 예를 들어보죠. 지금 배추 값이 폭락을 해서 한 포기에 1,000원이라고 합시다. 배추 값이 폭락을 해서 배추 경작지에서는 배추를 갈아엎고, 배추 농사를 포기하는 농부가 많아졌습니다. 어느 농산물 도매업자가 이런저런 상황을 알아보니 이렇게 나가면 3개월 후에는 배추 품귀 현상이 일어날 것 같다는 예측을 했습니다. 그래서 이 도매업자는 배추를 키우는 시골로 가서, 배추가 자라는 밭에 대해서 모조리 계약을 맺습니다. 3개월 후에 내가 모두 인수할 테니 싼 가격으로 거래를 하자고 말하죠. 배추 농부는 마다할 이유가 없겠죠. 배추 값이 폭락하는데 이 모든 것을 다 사준다니 얼마나 고맙습니까? 그래서 배추 100만 포기가 나오는 밭을 한꺼번에 계약을 합니다. 그리고 3개월이 지났습니다. 도매업자의 예상대로 배추 값은 포기당 2,000원이 됐습니다. 그러나 농부는 예전에 약속한 대로 배추를 공급할 수밖에 없습니다. 계약을 맺었기 때문이죠. 도매업자는 3개월 사이에 100만 포기에 대해서 두 배의 이익을 얻게 됩니다. 이렇게 미래 시점의 인수, 인도 거래를 하는 시장을 선물시장이라고 합니다.

이런 생각을 조금 더 확대해보죠. 석유, 철광석, 각종 농산물 등 만일 몇 개월 정도만 남들보다 미리 앞서서 시장을 예측할 수 있다면, 선물시장에서 큰돈을 벌 수 있겠죠? 그래서 바로 이러한 선물시장에도 인공지능이 활발하게 적용되고 있습니다.

MULTI-SOURCE COMPUTER VISION
OPTICAL + RADAR TECHNOLOGY

115.9 MB

177.6 MB

DAILY TANK MEASUREMENTS

원유 저장탱크 지붕 그림자를 분석하면 큰돈을 벌 수 있습니다.(그림 19)

대표적인 기업이 오비털 인사이트(Orbital Insight)입니다. 이 기업은 인공위성 사진을 인공지능으로 분석하는 회사입니다. 적용 분야는 무궁무진하지만, 2017년에 사우디아라비아 정부의 원유 저장량 공식 발표가 거짓임을 밝혀내서 유명해진 회사입니다. 원유 저장량을 밝혀낸 경위가 흥미로운데요. 잠시 원유 탱크에 대한 공부를 해봅시다.

원유 저장 탱크에 원유가 얼마나 있는지 알기 위해서는 탱크의 지붕을 분석하면 됩니다. 왜냐하면 원유가 가득 찼을 때는 탱크의 지붕이 꼭대기까지 올라가 있는 데 반해, 원유가 비게 되면 지붕이 아래로 내려가기 때문입니다. 그림자 상태를 분석해서 원유 저장량을 파악할 수 있는 거죠. 한 나라의 원유 저장 상태를 알려면, 특정 지역에 모

원유 저장 탱크의 지붕 그림자를 분석해서 투자에 활용합니다.

여 있는 원유 탱크의 지붕 그림자를 분석하면 알 수 있는 것이고, 전 세계 주요산유국의 원유 저장 상태도 알려고만 하면 이와 같은 방법으로 찾아낼 수 있습니다.

당연히 쉽지 않겠죠. 그래서 오비털 인사이트는 주요 원유 탱크를 인공위성 사진으로 찍어, 이것을 인공지능으로 분석하는 솔루션을 만들었습니다. 사람이 이러한 작업을 일일이 한다면 시간과 노력이 어마어마하게 많이 들겠죠. 정확성도 떨어질 것이고요. 이러한 정보가 있다면, 앞에서 설명한 배추의 예처럼 원유 재고량을 미리 파악해서 상대적으로 싸게 구매할 수 있겠죠.

▷ 주차돼있는 자동차 대수를 분석해서 투자를 한다고?

일반적으로 매출액이 증가하고 이익이 증가하면 주가는 오릅니다. 그래서 기업이 정기적으로 회사의 매출액과 이익을 발표하기 전에, 투자사나 증권사, 기관들은 나름의 노하우를 통해 추정을 해서 미리 주식을 사거나 파는 행위를 통해 이익을 얻습니다. 따라서 한 산업이나 기업의 매출액을 추정할 수 있는 방안을 찾는 것은 큰 수익을 낼 수 있는 매우 중요한 투자 기법 중 하나입니다.

앞서 소개한 그림자의 패턴을 분석함으로써 산업을 분석하는 것과 유사한 예는 우리 주변에서도 얼마든지 찾아볼 수 있습니다. 역시 투자 얘기를 통해 인공지능의 쓰임새를 파악해볼까요? 이번에는 여러분들이 좋아하는 음식 프랜차이즈 기업을 살펴보겠습니다. 사업이 잘되는지 여부를 앞의 사례처럼 사전에 알 수 있는 방법을 알아보도록 하죠.

인공지능 솔루션을 통해 누구라도 인공지능 기술을 활용할 수 있습니다.

미국 대부분의 도시는 차가 없으면 생활하기가 힘듭니다. 우리나라야 대중교통이 워낙 잘 운영돼서 자가용이 없어도 큰 불편이 없지만, 미국 대부분의 도시에서는 차가 필요합니다. 식사를 하기 위해서도 자동차를 타고 움직이죠. 그렇다면 맥도널드나 버거킹이 장사가 잘되는지 여부를 방문하는 자동차의 숫자로 알 수 있지 않을까요? 맥도널드 매장에 오는 자동차 수를 측정할 수 있다면, 하루 방문객, 한 달 방문객, 일 년 방문객 숫자를 알 수 있고, 이렇게 관측할 수 있는 매장의 숫자를 충분히 의미 있는 숫자만큼 확대한다면 미리 맥도널드나 버거킹의 실적을 알 수 있지 않을까요?

이런 사례가 단지 식당만 해당되는 것은 아니겠죠? 소매업도 모두 대상이 되지 않을까요? 현대백화점과 롯데백화점, 그리고 신세계백화점 중에 어느 기업이 더 큰 성장을 보였는지 알고 싶다면, 주차장에 들어가는 자동차의 수를 지속적으로 파악하면 어떤 패턴이 나오지 않을까요? 배에 싣기 위해 항구에 대기

주차장에 있는 자동차 수로 사업성 여부를 판단하는 인공지능(그림 20)

하고 있는 자동차나 컨테이너 박스 등도 훌륭한 데이터겠죠?

그래서 스위스의 픽테라(Picterra)사 역시 인공지능과 드론으로 찍은 영상과 이미지를 인공지능으로 분석합니다. 솔루션을 제공해서 기업이 원하는 방식으로 주차장에 있는 자동차의 수나 방문객의 수 등 원하는 이미지를 분석하게 만들죠.

이런 시도를 우리도 할 수 있을까요? 물론입니다. 아직 서비스되고 있지 않으니 독자 여러분께서 아이디어를 발전시켜보시죠. 우리나라는 서울, 경기도, 부산 등 주요 대도시에 인구가 모여있습니다. 그래서 쿠팡과 같은 하루 배송 서비스나, 배달 서비스가 잘되죠. 어떤 음식점이 잘되는지 알기 위해 미국의 사례처럼 자동차나 방문객만으로 분석하기에는 정확도가 많이 떨어질 것 같습니다. 그렇다면 배달을 위해 들르는 오토바이의 숫자를 세는 것까지 포함시키면 어떨까요? 가령 식당 방문객의 숫자와 배달 오토바이의 방문 숫자를 더한다면 매출액을 대충이나마 산정할 수 있지 않을까요?

이런 식으로 아이디어와 기술을 결합하면 새로운 서비스를 만들어낼 수 있습니다. 그래서 해외에서는 앞의 두 회사에 더해서 이글 아이 이미징(Eagle Eye Imaging), 스카이와치(Skywatch) 등과 같은 인공위성 사진과 인공지능 기술을 결합함으로써 패턴을 인식해 의사 결정을 할 수 있는 솔루션을 제공하는 스타트업이 계속 소개되고 있습니다.

▷ 사람은 떠나고 인공지능이 대체하는 스마트공장

여러분은 공장 하면 떠오르는 이미지가 있나요? 공장 하면 수많은 기계에 기름이 얼룩덜룩 묻어있고, 각종 부품이 어지럽혀있는 그림이 떠오르기도 하고, 사람 대신 로봇이 로봇 팔을 이리저리 움직이며 자동차를 납땜하고, 이동하는 그림도 그려집니다. 4차 산업혁명 시대에는 공장에도 많은 변화가 있을 겁니다. 그 대표적인 예가 스마트 팩토리(Smart Factory), 즉 스마트 공장입니다.

스마트란 '통신으로 연결(Connected)돼있고, 센서(Sensor)에 의해 수집된 데이터 기반(Data-Driven)으로 자율적으로 기능하는'으로 정의할 수 있습니다. 스마트 공장이라는 말을 들으면 직관적으로 무엇인지 대충 그려지지만, 이렇게 스마트란 정

128 ● ● ● ○ PART 3

의를 알고 나면 조금 더 구체적으로 스마트 공장의 그림이 그려질 겁니다.

'스마트'라고 말하기 위해서 반드시 필요한 기술이 바로 통신과 센서, 그리고 인공지능입니다. 쉽게 DNA(Data, Network, AI)로 기억하면 됩니다. 《너 때는 말이야》 시리즈에서 계속해서 강조하는 기술들이죠. 통신은 5G로 대체할 수 있습니다. 센서가 필요한 것은 데이터를 수집하기 위해서죠. 그리고 인공지능 알고리즘과 컴퓨팅 시스템으로 데이터를 사용해서 원하는 목적을 달성합니다.

여기에서 중요한 것이 '자율성'입니다. 현재도 대부분의 큰 공장은 '자동화'가 돼있습니다. 앞서 설명한 것과 같이 자율은 자동과 다릅니다. 훨씬 어렵고 복잡하죠. '스마트'는 바로 자율성을 근간으로 합니다. 사람이 일일이 무언가를 판단하고 결정한

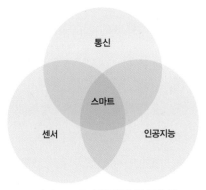

스마트는 DNA로 기억하면 됩니다.(그림 21)

다면 그것은 스마트가 아닙니다. 인공지능이 알아서 판단하고 행동함으로써 인간의 노동력은 최소화하게 됩니다. 그러면서도 더욱 효과적이어야만 합니다. 만일 인간처럼 행동하기를 원한다면 로봇에 인공지능 기능을 입히면 되는 것입니다. 그래서 스마트시티에는 로봇이 반려동물처럼 또는 친구처럼 인간과 함께 생활하게 될 것입니다.

아직까지 이러한 정의를 충족하는 스마트 공장은 찾아보기 힘들지만, SK주식회사가 만든 인공지능 솔루션 '아이팩토리 스마트비전(I-FACTs Smart Vision)'은 하나의 좋은 예입니다. 이 솔루션은 사람의 눈으로는

인간이 눈으로 보고 판단한 일을 인공지능이 더 정확하게 대체하고 있습니다.

잡아낼 수 없는 마이크로미터(㎛) 픽셀 단위의 미세한 차이까지 인식해 불량품을 고르죠. 자동차나 철강 등 제조업에서 불량품을 발견하는 것은 매우 중요한 과정입니다. 불량 부품 하나 때문에 완제품을 폐기해야 하는 상황도 생기기 때문이죠. 자동차 리콜이라고 들어보셨죠? 부품 하나 때문에 전 세계에서 자동차 리콜을 해야 한다면 기업이 입는 손해가 막대하겠죠? 그래서 이렇게 불량품을 잡아내는 작업은 무엇보다도 중요합니다. 인간이 불량품을 고르는 작업을 할 때는 아무래도 한계가 크겠죠. 발견할 수 있는 크기도 제한적일 테고, 그날의 컨디션에 따라 실수도 할 수 있을 테니까요.

또한 이 솔루션은 실시간 자동 검수가 가능하다고 합니다. 인공지능이 적용된 실시간 동영상 판별 시스템을 사용하기 때문에 가능한 일입니다. 기존에는 공정이 모두 끝난 뒤 불량 여부를 판단하기 때문에 시간과 비용이 더 많이 들었죠. 이미지 처리 알고리즘과 인공지능 학습, 분류 알고리즘은 적용 가능성이 매우 높습니다. 오류 여부를 판단해서 분류 행동까지 하기 때문에 업무 프로세스를 크게 줄일 수 있는 것이죠. 이 모든 것이 기업의 비용을 줄이는 일이기 때문에 이와 같은 솔루션은 기업에서 적극적으로 채택하게 됩니다.

패턴인식에서 문제해결 능력까지, 인간을 뛰어넘다

▶ 패턴을 식별해, 문제를 발견하다

이와 같이 머신 러닝은 패턴을 식별하고, 패턴에 어긋난 이상성이나 특이성을 찾는 데 능숙합니다. 패턴을 매칭하는 패턴(Pattern-Matching Pattern)이라 불리는 방식을 통해 인공지능은 기존 패턴과 일치하는 것과 그렇지 않은 것을 분리합니다. 이와 같은 방식은 인공지능이 적용된 프로젝트 중에서 가장 많이 활용되고 있습니다.

비전컴퓨팅과 머신 러닝으로 만든 인공지능 무인 매장 '아마존고'

짐작하다시피 인공지능은 수많은 데이

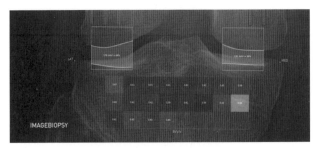

컴퓨터 비전과 딥 러닝으로 15만 장의 방사선 사진을 학습 후,
골관절염을 진단하는 인공지능(그림 22)

터를 통해 이러한 패턴을 찾습니다. 질 좋은 데이터가 충분히 확보된다면, 알고리즘은 매우 높은 수준의 식별 능력을 갖출 수 있습니다. Part 1에서 설명했듯이 데이터는 단지 정형화된 데이터, 즉 숫자에 한정되지 않습니다. 이미지나 오디오, 비디오 등 비정형, 무정형 데이터 모두가 인공지능 기술에 적용될 수 있습니다.

생각만 해도 적용 가능성이 무궁무진하겠죠. 대표적인 예는 번호판이나 얼굴을 인식하는 기계, 불량품을 선별하는 기계, 엑스레이, CT, MRI 등을 판별하는 기계 등이 있습니다. 이러한 기계는 현재 많은 관공서와 기계에서 활용하고 있습니다. 인간의 힘으로는 해결할 수 없는 힘든 분야나, 더욱 정밀한 판별이 요구되는 분야, 그리고 단 하나의 실수도 용납할 수 없는 분야에서 특히 이러한 머신 러닝의 필요성은 더욱 커지고 있습니다.

아, 얼굴 인식과 관련해서 한 가지 알려드릴 것이 있습니다. 코로나 바이러스 때문에 빌딩 입구에 설치된 얼굴 인식 체온계를 사용해본 적이 있을 겁니다. 이것 역시 인공지능의 얼굴 인식 기능이 작동하는 것으로 생각할 수 있는데, 사실 극히 일부 기업의 제품을 제외하고는 대부분 인공지능과 아무런 상관이 없습니다. 이 기계는 단지 열화상 카메라일 뿐 사람의 얼굴을 구분하는 기능은 없습니다. 얼굴 인식 기능이 있는 체온계는 엄청나게 비싸기 때문에, 학교나 식당 등에 있는 기계는 그냥 열화상 카메라라고 생각해도 됩니다. 자, 이제부터 이러한 패턴 인식이 어떻게 활용되는지 자세히 알아보겠습니다.

▷ 1초 만에 누구인지 식별하는 인공지능

인공지능이 적용되지 않을 분야가 있을까 생각해보면, 시간의 문제고 비용의 문제지 인공지능 기술은 대부분의 분야에서 활용될 확률이 매우 높습니다. 그러나 인공지능이 가져올 문제 때문에 기술 개발을 주저하는 분야도 있는데, 대표적인 것이 얼굴 인식 분야입니다.

얼굴 인식 분야는 중국이 가장 앞서 있습니다. 14억 중국 국민의 얼굴을 99% 이상의 정확도로 1초 안에 구별할 수 있는 시스템을 개발하기 위해서 중국 정부는 얼굴 인식 기술 개발에 전폭적인 지원을 하고 있습니다. 중국의 얼굴 인식 기술은 세계에서 가장 뛰어납니다. 인식률이 99.8% 이상일 정도죠. 이러한 기술력이 가능한 이유는 취약한 개인정보 정책 때문입니다.

중국은 경찰 국가입니다. 중국은 개인정보보다 사회통제의 중요성이 더 큰 나라입니다. 겉으로는 범죄 예방과 시민의 안전이 중요한 것처럼 보이지만, 그 안에는 체제 유지의 속내가 있습니다.

편리함과 두려움을 동시에 전하는 얼굴 인식 기술

이러한 이유로 중국은 다른 나라에 비해 상대적으로 약한 개인정보 규제를 바탕으로 얼굴 인식 기술 개발과 응용에 앞설 수 있게 됐습니다. 높은 기술력과 감시 체계가 만들어낸 성과입니다.

중국의 기술력이 어느 정도인지 가늠할 수 있는 사건이 2018년 4월에 있었습니다. 5만 명의 관중이 운집한 콘서트장에서 수배 중인 한 남성이 중국 공안에 체포됐다는 뉴스였습니다. 콘서트장에 설치한 카메라를 통한 얼굴 인식 기술로 수배자를 찾아낸 것이죠. 이러한 기술력을 바탕으로 중국은 범인 검거, 금융 거래, 상거래, 보안, 신분 확인, 심지어 공중화장실에서 휴지를 낭비하는 것을 막기 위해 얼굴 인식 기능을 사용하기도 합니다.

중국의 얼굴 인식 기술이 정부 주도로 이루어진 대표적인 사례가 바로 '톈왕(天網, 하늘의 그물)'이라는 인공지능 기반 얼굴 인식 감시 시스템입니다. 중국은 CCTV의 나라입니다. 2020

국가는 인공지능 기반 얼굴 인식 감시 시스템으로 무엇을 할까요?(그림 23)

년 기준, 약 6억 대 이상의 CCTV를 설치했습니다. 이렇게 많은 CCTV를 통해 사람의 얼굴 정보를 수집하고, 이를 데이터화하는 것이죠.

또한 2019년부터는 스마트폰 개통 시 얼굴 정보를 등록하도록 의무화했습니다. 신분증을 통해 신원을 파악하는 시대에서 얼굴 정보로 신원을 파악하는 시대가 된 것입니다. 이렇다 보니 신분증 없이 신분을 확인하는 것이 가능해졌습니다. 얼굴 인식기를 통해 관공서 업무를 볼 수도 있고, 심지어 모바일 결제를 넘어 이제는 얼굴 인식 결제까지 시도하고 있습니다. 하긴 얼굴로 신분을 확인할 수 있다면 신분증이나 신용카드 등이 필요 없겠죠. 얼굴에 각종 정보를 매칭시켜서 데이터를 입력한다면 정말 많은 것을 대체할 수 있을 것 같습니다.

이렇게 수집한 정보를 바탕으로 중국 정부는 2020년까지 화장실에 있는 휴지를 쓰기 위해서도 얼굴 인식 기능을 사용합니다.

14억 인구에 대한 등급화를 끝내고, 이렇게 매겨진 등급으로 개인의 권리를 차별화합니다. 등급이 낮은 사람은 기차표를 못 살 수도 있고, 비행기를 못 탈 수도 있습니다. 또한 부동산을 살 수도 없고, 자녀는 사립학교에 들어갈 수도 없습니다. 범죄자를 찾는 것뿐만 아니라 일반인도 추적할 수 있습니다. 언제 어디서든 감시당하는 빅 브라더의 시대가 도래한 것입니다.

이러한 이유로 미국과 유럽의 많은 기업은 얼굴 인식 기술 개발에서 손을 떼고 있습니다. 얼굴 인식 정보가 감시와 인종 프로파일링에 사용될 수 있다는 우려 때문이죠. IBM, 마이크로소프트, 아마존 등 글로벌 인공지능 개발 기업이 얼굴 인식 기술을 포기한 반면, 중국은 이를 더욱 가속화하고 있습니다. 이러한 정반대의 결정이 앞으로 어떤 결과를 가져올지 궁금합니다.

▷ 사람보다 인공지능 조교가 더 낫다?

2016년, 미국 조지아 공대의 인공지능 수업에서는 재미있는 실험이 진행됐습니다. 여느 수업과 같이 교수님을 돕는 조교의 역할을 인공지능이 수행했죠. 인공지능 조교 왓슨(Jill Watson)은 시험 문제를 내고, 학생의 질문에 답변하고, 토론 주제를 만들어 학생에게 제공했습니다. 학생들은 이 조교가 인공지능인 것을 전혀 몰랐습니다. 인공지능 조교는 빠른 답변과 정확한 답변으로 인기가 많았다고 합니다.

인공지능 조교 왓슨의 이야기는 Ted를 통해 자세히 알 수 있습니다.

인공지능 조교 왓슨은 인공지능이 가진 장점을 충분히 활용했습니다. 학생마다 다른 방식의 교육을 제공했죠. 일종의 개인화 교육이었습니다. 학습자의 학습 정도와 선호도 등에 맞게 질문과 교육 자료를 제공했습니다.

교육 분야는 인공지능이 적용됨으로써 긍정적인 점이 많아질 것 같습니다. 무엇보다도 학생 개개인에게 맞춘 개인형 교육이 가능하기 때문입니다. 지금은 인위적으로 학년 구분을 하고, 그 학년에서 배워야 하는 것을 제한하고 있기 때문에 교육 수준이 높은 학생이나 낮은 학생 모두에게 적절한 교육을 제공하지 못합니다. 그러나 인공지능 교육 시스템이 제공되면 더 이상 학년은 중요하지 않게 될 것입니다. 수업의 난이도에 따라 개인에게 맞는 교육이 제공되기 때문이죠.

수많은 교육 프로그램과 난이도에 맞는 수업을 고를 수 있고, 선생님의 스타일도 학생이 고를 수 있으므로 몰입도는 높아지게 됩니다. 인공지능 기술이 더 발달해 대화형으로 진화되면 이때는 정말 교육 효과가 극대화될 것입니다. 선생님과 내가 1:1 수업을 하니 학생은 얼마나 좋을까요?

그렇다고 인성 교육을 걱정할 필요는 없을 것 같습니다. 인공지능 기술이 도입된다고 하더라도 여전히 인간 선생님은 중요한 역할을 할 테니까요. 단순한 지식 전달은 인공지능이 맡고, 인간 선생님은 창의성과 비판적 사고능력을 키우고, 소통과 협업 능력을 키우는 교육에 매진할 수 있을 겁니다.

아, 제가 너무 먼 미래의 얘기를 한 것 같네요. 다시 현실로 돌아와 교육 분야에 적용된 인공지능 사례를 살펴보겠습니다.

인공지능을 적용한 수업을 하는 중국의 학교

인공지능은 무엇보다도 객관적인 평가를 할 수 있을 것 같습니다. 사전에 입력해놓은 알고리즘에 따라 평가를 하는 거죠. ETS에서 진행하는 TOEFL iBT Speaking 시험이 좋은 예일 것 같습니다.

이 시험은 2019년 8월부터 인공지능 (SpeachRater) 기술을 적용해서 평가를 하고 있습니다. 사람 평가자와 함께 인공지능도 평가해서 이 두 점수를 합산해 종합 평가를 하는 것이죠. 사람 평가자는 내용과 의미, 그리고 언어 전반에 대한 평가를 하고, 인공지능은 발음, 억양과 같은 요소를 평가합니다. 인공지능이 잘할 수 있는 분야부터 평가를 맡긴 것이죠.

미국은 역사가 오래되지 않아서 특정 지역에서만 쓰는 특유한 언어인 사투리는 많지 않고, 지역에 따라 발음과 억양의 차이가 조금씩 있습니다. 그래서 미국 전역 출신의 사람들을 모아서, 원어민의 다양한 발음과 억양 데이터를 입력해서 일정한 패턴을 찾은 것이죠. 내용과 의미는 사람에 따라 천차만별일 수 있기 때문에 아직은 인공지능이 평가하기에 부족하지만, 이것 역시 수많은 데이터가 쌓이다 보면 패턴을 찾을 날이 오겠죠.

▷ 문제해결 능력을 장착해 인간을 뛰어넘다

인공지능은 패턴을 인식하는 데 뛰어나기 때문에 규칙이 적용되는 분야에 적극적으로 활용되고 있습니다. 패턴이 적용되는 분야 중에 우리가 잘 알고 있는 것이 게임이죠. 우리는 알파고 때문에 바둑에 적용된 인공지능이 더 익숙하지만, 사실 인간과 인공지능 간의 게임의 역사는 체스가 기원입니다. IBM이 만든 체스 인공지능인 딥 블루(Deep Blue)는 1996년에 역사적인 경기를 갖는데, 첫 번째 체스 대국에서 당시 세계 체스 챔피언인 가리 카스파로프를 이겨 전 세계의 주목을 받았습니다.

인공지능이 이렇게 체스나 바둑에 적용돼 기술을 대중에게 선보이는 이유는 인공지능이 특히 게임의 규칙을 배우는 데 능숙하기 때문입니다. 과거에는 단순한 게임에 주로 선보였는데, 진보된 알고리즘과 컴퓨팅 능력 때문에 이제는 바둑을 정복하고, 스타크래프트 게임도 정복했습니다. 알파고로 유명한 구글 딥 마인드에서 알파스타라고 하는 스타크래프트용 인공지능을

10승 무패로 완승을 한 알파스타(그림 24)

만들었는데, 2019년에 있었던 스타크래프트 2에서 게임 서버 배틀넷 상위 0.2%에 드는 실력을 보여줬습니다.

이렇게 게임 분야에서 인공지능이 인간을 이겼다는 것은 사실 더 큰 의미를 갖습니다. 게임에 능숙하다는 것은 문제해결 능력을 가졌다는 의미입니다. 물론 하나의 알고리즘 개발이 인간처럼 보편적인 문제해결 능력을 의미하지는 않습니다. 체스가 그랬고, 바둑이 그랬듯이, 앞으로 개발되는 인공지능 역시 단지 특정 목적을 달성하기 위한 단 하나의 문제해결 능력을 가질 것입니다.

딥 마인드가 알파스타를 만든 비하인드 스토리를 공개합니다.

중요한 것은 비록 단 하나의 문제해결 능력을 갖지만, 그것이 그 분야에서는 인간을 뛰어넘는 천재적인 행동 결과를 가져온다는 것입니다. 오랜 기간 동안 해결되지 못한 문제를 매우 짧은 시간 동안 해결할 수도 있고, 그동안 통용돼왔던 방식이 아닌 효과성과 효율성이 매우 뛰어난 새로운 방식을 만들어낼 수도 있습니다.

인공지능은 그동안 인간이 해왔던 문제해결 방식을 근본적으로 바꿀 것입니다. 최적의 해결책을 찾아내는 과정이 아직도 멀고 험하지만, 이 책을 읽고 있는 MZ 세대 여러분께서 분명히 그 길을 찾아낼 것입니다. 그 시대가 되면 우리가 살고 있는 이 세상은 많은 것들이 변해있겠죠?

가짜도 진짜처럼, 인공지능의 마법

▷ 보이는 것도, 보이지 않는 것도 모두 인공지능이 적용된다!

인공지능은 방송영상 등 콘텐츠 산업 분야에서도 큰 활약을 보일 것으로 기대합니다. 그 이유는 콘텐츠 제작의 모든 과정에 인공지능 기술을 적용할 수 있기 때문이죠. 먼저 기술 분야에서 어떤 역할을 하는지 알아보겠습니다. 전 세계에서 사용자들은 서로 다른 환경에서 제각각 다른 종류의 기기로 콘텐츠를 사용하게 됩니다. 이렇게 개인마다 다른 사용자 환경에서 동일한 콘텐츠 품질을 제공하는 것은 생각만큼 쉽지 않습니다. 개인의 기기에 최적화된 영상 화질을 제공해야 하는데, 사용자들의 인터넷 환경은 제각각 다릅니다. 이렇게 다양한 변인을 고려해 끊김 없이 사용자에게 최적화된 화질로 콘텐츠를 제공하기 위해 인공지능 기술이 활용되고 있습니다.

유튜브를 통해 콘텐츠와 플랫폼에 적용된 인공지능 기술을 알아볼까요? 스트리밍 영상을 볼 때 끊김 현상 때문에 영상에 몰입하기 힘든 적이 있었을 거예요. 영상이 갑자기 멈췄다든가 하는 식으로요. 이런 경우에도 인공지능 기반 동영상 스트리밍 알고리즘은 버퍼링 등의 스트리밍 환경에 악영향을 미치는 문제를 해결할 대안으로 개발되고 있습니다. 순간적으로 화질을 1080p에서 480p로 바꾸는 식으로 사용자 경험을 유지시키려고 하죠.

데이터 사용량에 영향을 미치지 않고 스트리밍 동영상 품질을 향상시킬 수 있는 기술은 매우 중요합니다. OTT 서비스가 다수 등장함에 따라 인터넷 대역폭에 과도한 부담을 주고 있는 상황에서, 시청자 만족도를 기술적으로 높일 수 있는 방안이기 때문입니다. 시청자는 버퍼링 때문에 불편함을 겪게 되고 결국 동영상 시청을 포기하는 상황까지 이르게 됩니다. 이때, 인공지능을 활용함으로써 스트리밍 동영상의 품질을 높일 수 있기 때문에 인공지능 기술은 궁극적으로 사용자 만족도를 높일 수 있는 도구가 될 수 있습니다.

자동으로 자막을 생성하고 번역하는 기능은 어떤가요? 잘 모르는 외국어로 만든 영상일 경우, 자막을 키고 한국어 번역을 클릭하면, 세련되지는 않지만, 이해하는 데 전혀 지장이 없을 정도로 번역의 퀼리티가 좋은 것을 확인할 수 있습니다. 이것도 인공지능의 산물이죠. 또한 콘텐츠 필터링 역시 인공지능 기술이 적용됩니다. 수억 개가 넘는 동영상을 사람이 일일이 성인용인지 부적절한 내용의 콘텐츠인지 확인할 길이 없겠죠. 이런 점에서 인공지능 기술은 매우 효과적이면서도 효율적입니다.

로시나 사운드가 만든 인터랙티브 라디오 드라마의 스토리 구조

사용자가 직접 경험하는 인공지능의 역할도 증대할 것입니다. 영국 BBC는 로시나 사운드(Rosina Sound)사와 협력해 아마존 에코와 구글홈을 겨냥한 인터랙티브 라디오 드라마를 제작했습니다. 사용자의 선택에 의해 스토리 진행이 달라지는 형태인데, 사용자에게 음성으로 스토리를 이야기하고 특정 부분에서 선택을 하는 방식을 취했습니다. 사용자는 마치 자신이 연극배우가 된 것 같은 기분을 느끼게 함으로써 몰입도를 높일 수 있죠.

또한 인공지능은 풍부한 데이터를 바탕으로 콘텐츠를 사용하는 사용자 패턴을 인식함으로써 가장 좋아할 만한 콘텐츠를 찾아주기 때문에 풍부한 아카이브를 갖고 있는 콘텐츠 홀더에게 유리합니다. 인공지능이 적용돼 만든 것은 아니지만, 최근 유튜브에 옛날 콘텐츠가 다시 사랑받고 있습니다. MBC 예능의 〈무한도전〉, KBS 크큭티비의 〈개그콘서트〉 등이 한 예죠. 수

많은 콘텐츠를 일일이 사람이 편집하는 것에 비해, 인공지능을 활용해 사람들이 좋아하는 특정 영상을 골라서 클립 형식으로 만들어서 무수히 많은 콘텐츠로 만든다면 새로운 소비 시장이 열리겠죠. 가령 이제까지 나온 브레이브걸스의 수많은 동영상에서 유정님만 나온 영상만 편집한다거나, BTS의 지민님만 나온 영상만 편집해서 제공하는 겁니다.

널리 알려지지 않은 영상을 소비할 수 있기 때문에 전형적인 '롱테일 법칙'이 적용될 수 있는 분야로 재탄생할 것입니다. 콘텐츠 사용자가 원하는 콘텐츠를 그때그때 제공할 수만 있다면 사용자 만족도를 높일 수 있을 뿐만 아니라 사용 빈도와 시간을 늘릴 수 있게 되고, 이는 자연스럽게 수익 창출로 이어질 수 있으므로 사업자로서도 가장 기대하는 기술이 됩니다.

▶ 내가 좋아하는 동영상만 추천해주는 유튜브

이번에는 콘텐츠 편집 과정에 적용된 인공지능 사례를 소개하겠습니다. 이미지와 영상 편집 프로그램으로 가장 널리 알려진 회사가 어도비인데요. 포토샵이나 일러스트레이터는 대부분 한 번씩 들어보셨겠죠? 어도비는 자사의 제품에 어도비 센세이(Adobe Sensei)라는 인공지능 프레임워크를 적용해, 편집자의 손길을 최소화하면서도 그 효과를 극대화시키는 다양한 기능을 개발하고 있습니다.

옆의 동영상을 보시면, 포토샵에 적용된
인공지능 사례가 나오는데요. 간단한 슬라이
더 조절로 얼굴 표정이 바뀌고, 흑백 사진이
컬러 사진으로 바뀌는 등 색상을 보정하고,
얼굴의 모습과 방향을 바꾸는 등 고난도의 편
집을 단 몇 번의 '뽀샵'으로 가능하게 만들었
습니다.

인공지능 기술이 적용된 뉴럴 필터로 놀라운 효과를 가져올 수 있습니다.

동영상 편집은 더 놀랍습니다. 동영상에서 원하지 않는 대
상물을 제거해도 너무나 자연스럽게 보이고, 정지된 이미지를

원하지 않는 물건이 있나요? 동영상에서도 간단히 없앨 수 있습니다.

생동감 넘치게 움직이게 만들거나, 움직이
는 피사체를 자동으로 인식해서 화면 비율
이 달라져도 원하는 위치에서 움직이게 할
수도 있습니다. 음성을 인식할 뿐만 아니라
속도까지 파악해서 자동으로 자막을 달고,
움직이는 피사체를 자연스럽게 배경과 분

리하며, X, Y, Z축을 모두 고려할 수 있는 3D 공간 편집도 가능
합니다. 이 모든 것을 편집자가 일일이 하려고 했다면 정말 많은
시간이 걸렸을 겁니다. 자연스럽지도 않았을 테고요. 그러나 이
제는 인공지능 기술로 인해서 간단한 클릭만으로 모든 사람이
전문가처럼 영상을 편집할 수 있는 시대가 됐습니다.

이렇게 영상을 잘 만들었으니 이제 사람들이 보게 해야겠

죠. 사람들이 영상을 보게 하는 시스템은 유튜브와 같은 플랫폼의 인공지능이 해결합니다. 유튜브에서 동영상을 보면 계속해서 추천 영상이 뜨죠. 그런데 묘하게 내가 좋아할 만한 영상이 계속 뜰 거예요. 기가 막히게 말이죠. 내 취향을 잘 분석해서 내가 좋아할 만한 콘텐츠만 추천해주기 때문에 계속해서 머물게 됩니다. 이처럼 내가 좋아하는 영상이 제공될 수 있는 이유는 인공지능을 활용한 추천 서비스 때문입니다. 유튜브 동영상의 70%를 인공지능이 추천하는 것으로 알려져있는데, 이로 인해 동영상 하나를 보고 나면 또 다른 내가 좋아할 만한 동영상이 연이어 나와, 계속해서 영상을 보게 되는 식이죠. 자사의 플랫폼에 사용자를 머물게 하는 놀라운 기술이죠.

이러한 추천 서비스 역시 모두 인공지능 기반입니다. 이 기술은 구글 브레인 팀이 개발한 텐서플로우(TensorFlow)라는 오픈소스 라이브러리에 의해 만들어졌습니다. 유튜브 모델은 약 십억 개의 매개 변수(Parameters)를 배우고 수천억 개의 예제로 훈련하며 개발됐습니다. 쉽게 말해서 많은 데이터를 기반으로, 다양한 알고리즘을 만들면서 발전했다는 뜻입니다.

유튜브 추천 시스템은 크게 두 개의 신경망으로 구성됩니다. 먼저 추천을 하기 위해 수백만 개의 비디오에서 고른 수백 개의 후보 비디오군(Candidate Generation)을 만들고, 이 수백 개의 후보 군에서 십여 개의 비디오를 순위(Ranking)를 매겨

제시합니다.

수백 개의 영상을 고르는 단계에서는 크게 사용자의 특성과
비디오의 특성이 정의됩니다. 즉, 사용자 데이터와 비디오 데이
터를 분석하는 것이죠. 이 단계의 학습과정에서는 사용자가 비
디오를 끝까지 본 경우를 좋은 사례로, 그리고 스킵을 했을 경
우를 부정적인 사례로 훈련시킵니다. 사용자가 선택을 했다면,
게다가 끝까지 봤다면 추천할 만한 비디오라고 판단하는 거죠.

비디오의 특성 분석도 중요합니다. 무엇보다도 시간에 대한
훈련이 가장 중요합니다. 상대적으로 오래전에 업로드된 동영상
이 많이 노출되기 때문에 비디오의 나이를 설정해서 오래된 아
이템이 더 자주 추천되는 것을 방지하는 식이죠. 최신 동영상에
가중치를 줌으로써, 오래전에 만들어진 동영상에 비해 조금 더

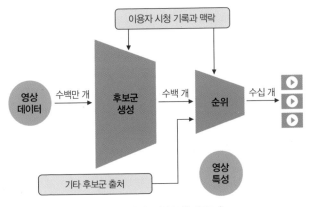

유튜브 추천 알고리즘 구성도(도표 4)

혜택을 주는 것입니다.

랭킹을 매기는 단계는 더욱 복잡합니다. 수백 개의 특성을 분석하는 데 무엇보다도 가장 중요하게 평가되는 것은 사용자의 과거 사용 경험입니다. 사용자가 이 채널에서 몇 개의 동영상을 보았는지, 이 주제에 대한 동영상을 마지막으로 본 시간은 언제인지 등을 분석합니다. 물론 동영상 역시 정교화됩니다. 그간 추천됐는데도 불구하고 사용자의 선택을 받지 못한 동영상은 순위를 뒤로 밀고, 감상 시간이 길어질수록 가중치를 더 부여하기도 합니다.

이러한 시스템은 유튜브뿐만 아닙니다. 넷플릭스, 인스타그램, 페이스북 등 사용자의 체류 시간을 길게 만들어야 하는 모든 인터넷 기업은 이와 같은 인공지능 기술을 사용하고 있습니다. 어떻게든 사용자가 많은 사진과 동영상을 보고, 머물게 만드는 시스템이 작동되고 있는 거죠.

▶ 목소리도 가짜, 영상도 가짜. 모든 게 가짜!

인공지능 기술을 활용해서 음성을 기반으로 한 컴퓨터 그래픽 제작을 한 영상이 소개돼 큰 반향을 일으킨 적이 있습니다. 워싱턴 대학교의 연구팀은 인공지능 기술을 통해 음성으로부터 입모양을 동기화시키는 기술을 소개했습니다(Suwajanakorn, Seitz, & Kemelmacher-Shlizerman, 2017). 그들이 선보인 기술

네 개의 서로 다른 영상에서 동일한 연설을 하는 오바마 전 대통령.
대체 무엇이 진짜일까요?(그림 25)

은 동영상을 통해 소개돼 일반인이 전율을 느낄 정도의 놀라움
을 선사했는데, 오바마 전 미국 대통령의 특정한 연설을 다양한
오바마의 영상에서도 똑같은 입모습으로 하는 것입니다.

가령 이런 식입니다. A라는 영상에서 오바마가 B라는 내용
의 말을 했는데, A가 아닌 다른 오바마의 영상에서도 B라는 말
을 아주 자연스럽게 입모습을 립싱크하듯
이 보여주는 것이죠. 이러한 기술의 활용
가능성은 영상 산업에서 무궁무진합니다.

진짜와 가짜를
구분할 수 있을
까요?

대표적으로 만화의 경우 입 모양을 자연스
럽게 맞춰줘 시간과 비용 절감이 가능할 뿐

만 아니라 3D 그래픽으로 제공되는 가상현실 환경을 구현하는 데 최적 기술이라고 할 수 있습니다.

음성과 관련된 기술은 이미 오래전부터 인공지능을 활용했습니다. 구글은 '웨이브넷(WaveNet)'을 출시하며 인간의 음성을 생성하는 시스템을 만들었고, 바이두는 '딥스피치(Deep Speech)'를 출시하며 인간의 음성을 문자로 변환시키는 시스템을 만들었습니다. 인간처럼 자연스러우면서도 감정이 담긴 소리를 내는 것은 쉽지 않지만, 인간의 음성을 계속 학습하며 새로운 인간의 목소리를 만들어내는 기술이 지속적으로 개발되고 있습니다.

이러한 기술이 어느 정도 궤도에 오르면 앞서 소개한 다양한 인공지능 영상 기술과 결합해 영상 제작 편집 과정에서 전문가의 손길을 상당 부분 줄여줄 것으로 예측합니다. 이 밖에 기존 음악을 바탕으로 새로운 음악을 작곡하거나 소리가 제거된 영상에서 소리를 복원하는 기술, 유명 화가의 미술 작품을 따라 그리거나 두 개 이상의 그림을 합성해 만들어내는 새로운 그림 등 영상 분야에 적용할 수 있는 청각과 시각 인공지능 기술이 지속적으로 소개될 것으로 보입니다.

▷ 인공지능이 만드는 가짜 영상, 그러나 사회악이 될 수도

2018년에는 인공지능을 활용해 성인용 음란물에 유명 배우의 얼굴을 합성하는 딥 페이크(Deep Fake) 때문에 골치가 아팠습니다. 딥 페이크는 인공지능을 활용해 사진이나 동영상을 조작하는 것을 말합니다. 딥 러닝으로 만든 가짜 사진과 동영상이라고 생각하면 됩니다.

블랙핑크와 레드벨벳이 트와이스의 〈팬시〉를 부른다?

딥 러닝을 활용해서 원본 이미지나 동영상 위에 다른 이미지를 중첩(Superimpose)하거나 결합(Combine)함으로써 원본 동영상과 조작하려는 동영상을 합쳐서 만드는 가짜 동영상을 말하죠. 딥 러닝 하니까 굉장히 어려운 기술 같지만 이미 리페이스(Reface), 페이스스와프(Faceswap) 등의 앱을 통해 누구라도 만들 수 있는 대중적인 서비스가 나와있습니다. 앞서 소개한 트와이스의 〈팬시〉 동영상 역시 딥 페이크입니다.

이제 누군가의 명예를 실추시키기 위해 얼굴 합성 동영상을 만드는 것이 어렵지 않게 된 시대가 됐습니다. 사실 딥 페이크가 널리 알려진 계기가 된 것은 바로 이러한 부작용 때문이었습니다. 좋은 기술이 엉뚱한 곳에 적용된 대표적 사례죠. 이러한 기술이 발달되면, 필연적으로 가짜 영상의 문제는 큰 사회문제가 될 것입니다. 특히 선거에 미치는 영향이 클 것입니다. 대통령 선거뿐만 아니라, 국회의원 선거, 반장 선거까지, 가짜 동영상을 만들어 후보자의 명예를 떨어뜨리게 만드는 경우가 적잖이 일어날 것입니다. 진짜냐 가짜냐의 논쟁이 연일 이어지겠죠.

선거가 갖는 영향력을 생각하면 정말 끔찍한 일이 벌어질 수도 있다는 걱정이 듭니다.

믿기지 않겠지만, 여기 나오는 모든 사람들은 인공지능이 만든 가짜입니다.

이처럼 인공지능은 콘텐츠 제작 과정 전반에 걸쳐 적용되고 있습니다. 콘텐츠 시장에서 인공지능 기술이 기대되는 이유는 콘텐츠 제작자와 유통업자 그리고 사용자 모두에게 이익이 되기 때문입니다. 앞에서 영상을 갖고 설명한 것처럼, 영상 가운데 중요한 장면을 인식하고 특정 부분을 강조하는 등 시각 정보가 갖는 의미의 중요성을 이해한다는 점에서 해당 기술의 활용도는 매우 높습니다.

지금의 영상 편집은 순전히 편집자의 직관에 의존해서, 정말 그 장면이 시청자에게도 매력적으로 보이는지 알지 못한 채 제작되지만, 인공지능 기술이 적용된다면 시청자가 좋아할 만한 장면을 데이터에 의거해 만들어낼 수 있기 때문에 만족도 높은 영상을 제작할 수 있을 것입니다. 또한 최소한의 비용과 시간으로 시청자가 원하는 작품을 만들 수 있다면, 그리고 언제 어떤 환경에서 제공될 때 시청자 만족도가 높다는 것을 알 수만 있다면 사용자 경험은 극대화될 것입니다.

반면 가짜 영상에 대한 두려움도 큽니다. 디지털 기술과 소셜미디어의 발달로 발생한 사회적 문제 중 하나가 가짜 뉴스인데, 영상 기술이 더욱 발달하면 이제 가짜 영상이 활개 칠 날도 멀지 않았습니다. 유명인 A가 10년 전에 전혀 다른 상황에서 한 말을 딥 러닝으로 악의적으로 편집한다면, 바로 어제 엉뚱한 장소에서 얘기한 것으로 만들 수 있고, 이것이 소셜미디어로 확산된다면 그 영향력은 무시할 수 없을 정도로 크겠죠. 가짜 영상을 만들 수 있는 기술이 의도하지 않게 발생시킬 수 있는 대표적인 부정적 사례입니다.

인공지능이 즐겁고 만족도 높은 콘텐츠를 효율적으로 만들어 호평을 받는 기술이 될지, 아니면 가짜 영상으로 사회에 큰 문제를 일으키는 골칫덩이가 될지 미래가 궁금합니다.

롱테일 법칙

전통적인 시장에서는 20%의 주력 제품이 매출의 80%를 차지합니다. 이것을 80-20 법칙, 또는 파레토(Pareto) 법칙이라고 하죠. 그러나 이 원칙이 온라인에서는 잘 적용이 안 되는 일이 벌어졌습니다. 바로 아마존의 등장으로 기존의 원칙이 깨진 거죠.

아마존에는 수많은 제품이 등록돼있습니다. 현재 여러분이 사용하는 네이버 쇼핑이나 쿠팡을 생각하면 됩니다. 만일 실제 매장이라면 절대 있을 수 없는 제품들도 온라인이기에 플랫폼에 등록돼있는 거죠. 그리고 누군가 주문을 하면 실제로 이 물건을 갖고 있는 업체가 배송을 합니다. 지금 여러분에게는 너무나 익숙한 서비스가 아마존으로 인해서 대중화됐죠.

크리스 앤더슨(Anderson, 2006)은 파레토 법칙이 온라인에는 맞지 않는다고 하면서 정반대의 롱테일 법칙(Long-Tail Law)으로 이 현상을 설명했습니다. 온라인에서는 80%에 해당하는 무수히 많은 상품이 조금씩 팔려도 전체 매출에서의 비중은 훨씬 더 커진다는 것이죠.

디지털 시대에는 시장을 왜곡시켰던 장애물들이 제거되고, 무한한 선택이 가능해짐에 따라 그동안 무시됐던 틈새 상품이 중요해지는 새로운 경제 패러다임이 탄생하게 된 것입니다.

롱테일 법칙이 적용되는 사회에서는 작은 틈새시장(Niche Market)이 존재하기에 큰돈을 벌지는 못해도 생활하는 데 문제는 없습니다. 미국에서 아마존이 아무리 막강한 기업이라도 깰 수 없는 경쟁자를 엣시(https://www.

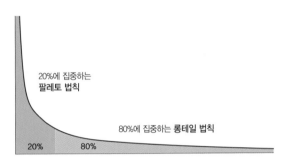

롱테일 법칙(도표 5)

etsy.com)로 보는데, 이 사이트에는 수많은 개인들이 자신의 작품들을 판매하고 있습니다.

우리나라의 카카오 메이커스(https://makers.kakao.com)와 아이디어스(https://www.idus.com)도 유사한 사례라고 할 수 있습니다. 여러분이 좋아하고 잘 하는 일을 할 수 있는 세상. 바로 롱테일 경제로 가능합니다.

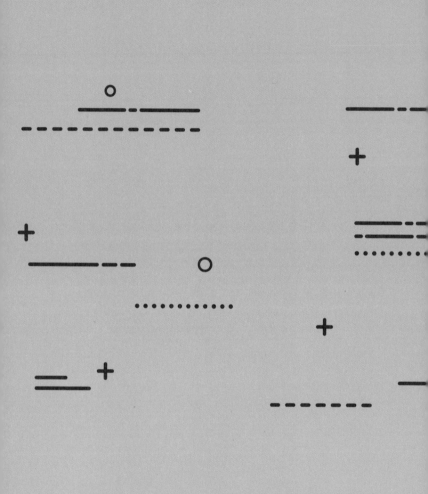

PART 4

나를 발견하고,
인간을
탐구한 후에
인공지능을
배우자

인공지능도 결국 사람이 만든 것, 너무 믿지는 마

▷ 영화 〈터미네이터〉는 너무나 먼 미래

인공지능이 가져올 부작용은 상상도 하기 싫을 정도로 끔찍합니다. 생각의 깊이를 더하면 더할수록 영화 〈터미네이터〉의 내용이 현실이 되지 않을까 걱정이 되기도 합니다. 스스로 생각하고 판단하는 인공지능이 인간을 위협할 수도 있다는 우려는 인간이 가진 자연스러운 두려움이 아닐까요?

그러나 이 책에서는 그런 먼 미래의 일을 다루지는 않을 것입니다(아, 이런 일이 반드시 발생된다는 말은 아닙니다^^).《너 때는 말이야》책 시리즈의 목적이 MZ 세대에게 4차 산업혁명을 알려주고, 여러분이 어떻게 준비할 것인가를 다루기 때문에, 막연한 미래에 대한 두려움을 이야기하기보다는 향후 5~10년 정도의 미래에서 실현 가능한 것들에 더 집중하려고 합니다.

인공지능이 가져올 위험은 크게 여섯 가지로 나눠볼 수 있습니다(Leslie, 2019). 인공지능은 편견과 차별적 결과물을 가져올 수 있고, 개인의 자율성과 권리를 부정할 수도 있으며, 불명확한 혹은 정당하지 않은 결과물을 만들 수도 있습니다. 사생활을 침해할 수도 있고, 사회적 관계를 고립시킬 수도 있죠. 그리고 신뢰할 수 없는, 위험한 결과물을 만들 수도 있습니다. 자, 그러면 이러한 여섯 가지의 잠재적 위험이 어떤 것인지 자세히 알아보겠습니다.

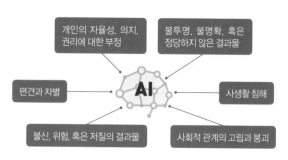

인공지능이 가져올 수 있는 위험(그림 26)

▷ 사람을 고릴라로 인식한 인공지능

2015년 6월 28일. 한 흑인 여성의 사진 때문에 구글에서는 난리가 났습니다. 구글의 서비스 중 하나인 '구글 포토'에서 흑인 여성의 사진에 '고릴라'라는 태그가 붙여진 것을 그의 친구가 트위터를 통해 공개적으로 비난했기 때문입니다. 구글이나 페이스북 등 많은 사이트에서는 이미지 매칭 알고리즘을 이용해서 사진에 대상물의 이름을 태그하는데, 이런 과정에서 흑인 여성의 얼굴을 고릴라로 판단한 것이었죠. 흑인의 피부색과 고

흑인을 고릴라로 태그한 구글 포토(그림 27)

릴라의 피부색을 같은 것으로 인식하고 얼굴 모양 또한 고릴라로 인식했기 때문에 발생한 문제였습니다. 자동 태깅 과정 중 발생한, 어찌 보면 하나의 작은 해프닝으로 치부할 수도 있지만 인공지능이 가진 문제를 고스란히 드러낸 사건이었죠.

인공지능 결과가 인종차별과 성차별을 드러내는 사례는 수도 없이 많습니다. 알려지지 않고, 찾아보지 않아서 그렇지 빅데이터를 기반으로 한 알고리즘이 갖는 편견과 차별은 심각합니다.

인공지능이 미인을 평가한다면 미인대회에서 누가 입상할까요? 2016년 7월에 실제로 세계 최초로 인공지능이 심사하는 미인대회가 열렸습니다. 전 세계 100여 개국에서 6,000여 명이 참가한 이 대회는, 참

세계 최초 인공지능이 평가한 미인선발대회

가자들이 제출한 인물 사진을 인공지능이 심사하는 방식으로 이뤄졌습니다. 인공지능은 최종적으로 44명을 미인으로 선정했는데, 대부분의 수상자가 백인 여성이었습니다. 아시아계 수상자는 소수였고, 흑인 수상자는 단 한 명이었습니다. 〈가디언〉(Levin, 2016)에 따르면 실제로 대회 참가자 중 백인이 가장 많기는 했지만, 그럼에도 불구하고 인도와 아프리카 출신 등 '유색 인종' 참가자들도 꽤 많았다는 점에 비춰, 명백한 '피부색 차별'이라고 주장했습니다. 이런 심사 결과는 인공지능의 알고리

인공지능이 심사한 세계 최초의 미인대회(그림 28)

즘이 백인에 대한 우호적이고, 그 밖의 인종에 대해서는 부정적인 편향성을 보였기 때문에 발생된 결과였습니다. 이 인공지능 알고리즘 개발자는 밝은 색 피부를 미의 기준으로 삼으라는 알고리즘을 짜지는 않았지만, 입력된 데이터가 인공지능으로 하여금 백인에게 더 긍정적인 결론을 내도록 이끈 것으로 추정할 수 있는 사건이었습니다.

이러한 사례로부터 알 수 있는 사실은 알고리즘을 인위적으로 만들지 않았음에도, 어떠한 데이터세트를 활용했느냐에 따라 결과가 달라질 수 있음을 의미합니다. 가령 미인대회 인공지능의 경우, 한국 사람을 기본 데이터세트로 했다면, 아마 아시아계 여성들이 미인으로 수상했을 확률이 더 높았을 것이고, 신입 사원을 뽑기 위한 화장품 회사나 여성의류 회사에 다니는 직원들의 데이터세트를 활용했다면 여성 지원자를 더 많이 뽑을 수 있다는 말입니다. 인공지능이 편견과 차별을 가져올 수 있는 이유는 현재 데이터세트가 어떻게 구성돼있느냐에 전적으로 의 존하므로 발생될 수 있는 결과입니다.

▷ 인간의 권리도, 책임도 가져간 인공지능

인공지능이 개인의 자율성과 의지, 그리고 권리를 부정한다 는 의미는 인간이 해왔던 판단을 인공지능이 하게 됨으로써 그 책임을 더 이상 인간에게 물을 수 없게 된다는 의미입니다. 당 연스럽게 우리가 했던 판단이라는 권리를 인공지능에게 넘겼기 인간의 자율성이 없어지고, 인간에 대한 의존은 옅어지며, 천부 인권 같았던 권리가 사라지게 된다는 것이죠. 자, 그럼 자율주 행 자동차의 예를 들어 이게 무슨 뜻인지 알아볼까요?

자율주행 기능은 친환경과 함께 미래 자동차 산업에서 가 장 중요한 기술입니다. 자동차는 우리가 살아가는 데 매우 중요 한 도구죠. 그래서 《너 때는 말이야》 시리즈의 다섯 번째 책의 주제도 자동차로 정했습니다. 우리가 살게 될 미래형 도시인 스 마트시티에서 ICT와 환경은 가장 중요한 두 개의 축인데, 자동 차는 ICT 산업과 환경 두 측면 모두에서 가장 중요하죠. 문제는 자율주행 기능이 인간의 개입 없이 판단돼 결정되기 때문에 문 제가 발생되더라도 인간에게 책임을 묻기 힘들다는 것입니다.

지금은 자동차 사고가 나면 급발진이라든가, 엔진에서 불이

난다든가 하는 자동차 기능의 문제를 제외하고는 대부분 운전자의 책임이죠. 자동차 충돌 사고가 나거나, 사람을 치거나, 건물에 부딪칠 경우 운전자는 이에 대한 책임을 져야 합니다.

그러나 자율주행 자동차는 인간 개입 없이 외부 환경을 판단해서 스스로 의사 결정을 합니다. 인공지능의 알고리즘에 기초해서 도로의 환경을 읽고, 주변 자동차의 운행 과정을 판단하며, 갑작스럽게 발생하는 사건에 대처하도록 짜였죠. 그러나 이 모든 상황에 대해 완벽히 예측하고 아무런 사고가 일어나지 않게 만들 수는 없습니다. 어떤 사고라도 발생할 수 있다고 예상한다면, 자율주행으로 인한 책임 규명은 어떻게 해야 하죠? 자율주행 자동차를 행위주체자로 보고 모든 책임을 자율주행차에게 넘긴다면, 자동차를 타고 있었던 사용자(운전을 안 하니 운전자는 아니겠죠?)는 아무런 책임이 없게 되는 것이죠. 자동차 사용자는 운전과 사고에 대해서 자율성도, 의지도 그리고 권리도 없게 되는 것입니다.

이번에는 여러분에게 닥칠 수도 있는 예를 들어볼까요? 세계 최대 이커머스 기업인 아마존은 2014년부터 5만 개의 키워드를 통해 입사 지원서를 분석해서 신입사원을 뽑았습니다. 인간의 감정과 편견을 없애고, 오직 객관적인 데이터로만 평가해서 뽑는 것이므로 정확하고 공정할 것 같죠? 그런데 인공지능 심사위원은 여성 지원자에 대한 차별적인 평가를 했습니다. 이

력서에 '여성'이라는 단어가 포함될 경우 감점을 한 것이죠. 이와 같은 결과가 발생한 이유는 인공지능이 판단을 내리기 위해 사용한 데이터 자체에 문제가 있었기 때문입니다.

아마존의 글로벌 인력 가운데 약 60%가 남성 직원입니다. 문제는 인공지능이 과거 10년 치의 아마존 입사 데이터를 분석하다 보니까 이미 채용된 직원의 성별을 분석을 했고, 수많은 입사 지원자 중 여성보다 남성 지원자를 채용한 결과를 반영하다 보니, 인공지능은 남성 지원자에게 더 우호적인 평가를 내린 것입니다. 아마존은 이 문제를 해결하려고 했지만, 인간이 알지 못하는 유사한 차별적 판단을 내릴 수 있다는 우려로 결국

주요 테크 기업의 남성과 여성 인력 비율(도표 6)

2015년에 인공지능으로 지원을 뽑는 시스템을 폐지했습니다.

이렇게 인공지능이 신입사원을 뽑게 된다면 신입사원을 뽑는 과정에서 인간의 자율성과 권리를 모두 포기한 것이 아닐까요? 기존의 데이터를 활용해서 인공지능이 판단하게 했으니 인간의 개입은 없는 것이죠. 인공지능의 확산은 인간에게 효율성을 가져다주지만, 그만큼 인간의 권리를 빼앗는다고도 볼 수 있습니다.

▶ 인공지능이 인간보다 객관적이고 합리적이라고?

인간 외에도 창조가 가능한 존재가 있고, 게다가 인간을 뛰어넘을 수 있다면 세상이 어떻게 변할까요? 세상에 존재하는 수많은 데이터는 그 가치를 헤아리지 못한 채 인간의 지능이 허락하는 수준에서 해석되고 이해돼왔습니다. 우리가 현재 맛있게 먹는 음식은 재료와 양념의 수많은 조합의 레시피 중 일부일 뿐이고, 인간이 이해하고 있는 수준에서 만들어집니다. 반면 IBM의 인공지능 플랫폼인 왓슨의 요리사 버전인 셰프 왓슨은 무한대에 가까운 요리법을 조합해 응용한 레시피를 선보입니다. 똑같은 음식 재료와 양념으로 인간이 기존에 만들어내지 못한 음식을 만드는 것이죠.

아래 동영상에서 본 것처럼 새로운 음식을 맛본 사람은 때로는 감탄을, 때로는 의아함을 표현합니다. 처음 맛보는 것의 독

인공지능이 만든 레시피의 맛은 어떨까요?

특함에 감탄하기도 하고, 익숙하지 않은 맛에 거부감을 갖기도 하죠. 그렇다면 이렇게 인공지능에 의해서 만들어진 결과물이 음식이 아니라 중요한 의사 결정이라면 그 낯선 결과를 우리는 어떻게 받아들일까요?

앞서 소개한 예인 인공지능이 신입사원을 뽑고, 미인을 선발할 때, 우리는 그 결과에 대해 부정을 했습니다. 여성이 차별을 받고, 아시아인과 흑인이 차별을 받는다고 판단한 것이죠. 먹는 음식이야 맛없으면 안 먹으면 그만이지만, 이러한 의사 결정, 특히 개인과 사회에게 매우 중요한 사안을 인공지능이 판단할 경우 우리는 그것을 그대로 받아들일 수 있을까요?

인공지능 알고리즘을 투명하고 명확하게 그리고 공정하게 짠다고 하더라도, 인공지능이 고차원적 상관관계를 통해 의사 결정에 직접적인 영향을 미치는 결과를 생성해낸다면 그 결과물을 가져온 과정을 인간은 명확하게 설명할 수 있을까요? 그저 "인공지능이 이런 결과물을 만들었습니다. 저는 잘 몰라요"라고 말한다면 이것이 정당한 과정을 거친 것으로 사람들이 받아들일까요?

고등학생 독자 여러분은 직장 이야기가 다소 멀 수도 있으니, 대학 입시 과정의 예를 통해 설명해보도록 하죠. 수시 대학 입시 전형에서 학생부는 매우 중요합니다. 고등학교 재학 중 했

인공지능이 내린 결론을 우리는 그대로 받아들일 수 있을까요?(그림 29)

던 거의 모든 활동이 바로 이 학생부에 드러나게 되죠. 창의적 체험활동은 무엇을 얼마나 했고, 독서는 얼마나 했으며, 행동 특성이 모두 적혀있습니다. 만일 대학에서 비용 절감을 이유로 인공지능 입학사정관을 고용해서(설치해서) 여러분의 학생부를 평가한다면 여러분은 이것을 받아들이겠습니까, 아니면 거부하 겠습니까? 만일 받아들인다면 여러분은 인공지능의 평가를 투 명하고, 명확하며, 정당한 과정을 거친다는 판단을 한 것이고, 거부한다면 그 반대로 판단한 것이겠죠.

인공지능은 가치중립적이지 않습니다. 인공지능 알고리즘도 가치중립적이지 않은 인간이 만든 것이고, 인공지능이 활용하 는 데이터 역시 그동안 가치중립적이지 않은 인간이 선택한 결 과물이었습니다. 인공지능이 만든 결과물에 대해 인간의 관여 는 앞으로도 계속 필요할 것입니다.

알면 알수록 무서운 인공지능

▶ 내 정보를 갖고 만든 인공지능 '이루다'

우리나라 인공지능의 역사에 한 사건으로 기록될 일이 2021년 1월에 있었습니다. 바로 인공지능 '이루다' 논란입니다. '이루다'는 2020년 6월 베타 테스트를 시작한 후 12월에 정식 서비스를 시작했는데, 혐오 표현과 개인정보 유출 의혹 때문에 서비스 시작 3주 만에 서비스를 중단했습니다.

'이루다'는 인공지능 챗봇입니다. 인간과 대화를 하는 인공지능으로, 블랙핑크를 좋아하는 20세 대학생으로 만들었죠. 대화를 할 수 있는 인공지능이라는 소문 때문에 많은 사람들이

혐오 발언과 개인정보 침해 문제로 서비스를 중단한 인공지능 챗봇 '이루다'(그림 30)

'이루다'와 대화를 했습니다. 호기심이 주요한 이유였겠지만, '네가 어디까지 대화를 하나 보자' 하는 테스트를 해보려는 의도도 있었겠죠.

사람이 아닌 인공지능이었기 때문에 짓궂은 질문도 많이 했습니다. 특히 남성 사용자들이 '이루다'를 성적 취급하며 대화한 내용을 커뮤니티 사이트에서 공유하면서 문제가 꽤 심각해졌습니다. 사용자들이 '이루다, 노예 만드는 법' 등을 서로 공유하면서, 여성과 동성애자, 장애인과 흑인 등에 대한 혐오적인 대화를 쏟아내자, '이루다' 역시 이들을 싫어한다거나 혐오한다는 답변을 하기도 해서 논란거리가 됐습니다. 물론 항상 이러한 답변을 한 것은 아닌 것으로 알려졌는데, 차별적이고 혐오스러운 이야기를 담은 데이터를 학습했기 때문에 발생한 문제인 것으로 생각합니다.

'이루다'는 약 100억 개의 문장, 350GB 용량의 한국어 대화 데이터를 활용해서 학습을 했는데(문재호, 2020.09.16), 앞서 강조한 것처럼 학습 데이터의 양이 클수록 좋은 결과를 가져올 수 있다는 점에서 '이루다'의 커뮤니케이션 능력은 어느 정도 기대를 할 수 있었던 것처럼 보입니다. 실제로 '이루다'가 보인 대화 능력의 우수성은 숫자에서 드러나는데, 대화 기술의 성능 평가 지표로 사용되는 SSA(Sensibleness and Specificity Average)의 점수가 78%를 기록했다고 알려졌습니다(박경일, 2020.12.23.). 사람의 경우 SSA가 86%, 그리고 2020년 초, 구글에서 만든 챗봇 미나(Meena)의 성능이 76~78%인 점에 비춰봤을 때 '이루다'의 대화 기술은 매우 높은 것으로 평가할 수 있습니다.

개인정보 활용에 관하여

본사는 이루다를 개발하는 과정에서 본사가 제공하고 있는 서비스 연애의 과학으로 수집한 메시지를 데이터로 활용한 바 있습니다. 사전에 동의가 이루어진 개인정보취급방침의 범위 내에서 활용한 것이지만, 연애의 과학 사용자분들께서 이 점을 명확히 인지할 수 있도록 충분히 소통하지 못한 점에 대해서 책임을 통감하며 진심으로 사과드립니다.

데이터 활용 시 사용자의 닉네임, 이름, 이메일 등의 구체적인 개인 정보는 이미 제거돼 있습니다. 전화번호 및 주소 등을 포함한 모든 숫자 정보, 이메일에 포함될 수 있는 영어 등을 삭제해 데이터에 대한 비식별화 및 익명성 조치를 강화해 개인을 특정할 수 있는 정보는 유출되지 않았습니다.

향후로는 데이터 사용 동의 절차를 명확하게 하고 식별이 불가능한 정보라도 민감해 보일 수 있는 내용에 대해서는 지속적인 알고리즘 개선을 통해 보완하겠습니다.

'이루다'의 공식 입장문에서 밝힌 개인정보 관련 내용(그림 31)

문제는 이렇게 사용한 100억 개의 문장을 어디에서 구했냐는 점입니다. 예전 인터뷰(김예림, 2019.11.30.)를 통해 자사의 '연애의 과학'이라는 콘텐츠에서 제공하는 유료 서비스 중 카카오톡 대화 데이터 100억 건을 분석한 것으로 알려져, 개인정보 수집 과정의 문제가 있을 수도 있음을 드러냈습니다.

더 큰 문제는 '이루다'가 했던 대화 중에 특정인의 이름과 계좌번호 등 카톡으로 나눈 개인의 대화가 그대로 드러났다는 점입니다. 개인정보가 유출됐다는 말이죠. 이러한 의혹으로 개인정보보호위원회와 한국인터넷진흥원에서 개인정보 수집과 유출에 관한 조사를 하기도 했습니다.

'이루다'가 보여준 사생활 침해 이슈는 개인정보의 목적 외 이용과 포괄 동의 그리고 개인정보 유출 문제입니다. 개인정보보호법 제15조는 개인정보를 수집할 경우, 수집과 이용 목적과 항목 등을 고지하도록 돼있습니다. '연애의 과학' 서비스를 위해 수집한 개인정보를 '이루다'에 사용한 것은 문제가 될 수 있는 것이죠.

또한 개인정보보호법 제22조는 포괄 동의, 즉 '연애의 과학' 약관에 동의했다고 해서 같은 회사의 서비스인 '이루다'에도 동의했다는 판단은 금지돼있기 때문에 불법 요소가 있다고 판단할 수 있습니다. 개인정보가 그대로 드러나는 것은 두말할 나위 없이 불법이겠고요.

인공지능 스피커가 우리의 정보를 훔쳐간다면?

사생활 침해, 개인정보 침해는 디지털 트랜스포메이션 시대에 매우 중요한 사안입니다. 디지털 정보는 한 번 유출되면 확산이 빠르고 되돌리기 힘들기 때문입니다. 인공지능 시대에 우리가 개인정보에 특히 더 관심을 둬야 하는 이유입니다.

▷ 부자는 더 부자로, 가난한 자는 더 가난하게

자본주의 사회에서는 개인이 아무리 열심히 노력하고 일을 해도 사회 구조상 부자가 되기 어렵습니다(Piketty, 2013). 경제적 지원을 충분히 받은 학생은 초중고등학교 때부터 좋은 학원에 다니면서 선행 학습을 하고, 영어를 배우기 때문에 상대적으로 좋은 대학에 갈 확률이 높죠. 좋은 대학을 다니고 부모님 덕분에 세계 여행을 다니면서 미래를 준비했기 때문에 좋은 직장을 가질 확률이 높고 월급도 많이 받을 확률이 높습니다.

반면 그렇지 못한 학생은 출발점이 다릅니다. 좋은 학원도 다니지 못했고, 아르바이트하기 바빠서 자기 계발에 쏟을 물리적 시간도 없습니다. 그러다 보니 사회에 나가서도 원하는 직장을 구하기가 힘들죠. 개인의 능력보다는, 부모의 소득과 재산과 같은 자본의 소유 유무가 우선되는 시대가 됐습니다. 그러다 보니 경제적 양극화가 점차 심화되고 있습니다. 전 세계적으로 커다란 사회문제가 되고 있죠. 이러한 문제를 아마존의 예를 통해 알아보겠습니다.

아마존에서는 이미 오래전부터 '키바'라는 창고정리 자동화시스템을 도입해 물류시스템의 효율성을 높였습니다. 창고에서 노동자는 갈수록 보기 힘들게 됐죠. 이로 인해 배송 속도는 빨라지고, 무엇보다도 비

아마존 창고에서는 사람을 찾아보기 힘듭니다.

용이 감소됐습니다. 기업은 이런 시스템을 좋아할 수밖에 없겠죠. 물론 이로 인해 소비자들도 좋습니다. 좋은 제품을 값싸게 빨리 받아볼 수 있으니 마다할 리가 없겠죠. 2020년 기준으로 아마존 물류창고에서 일하는 로봇 '드라이브'는 20만 대가 넘습니다. 아마존은 미국에서 30만 명 이상을 고용하고 있는데, 앞으로 이 숫자는 계속 줄어들 것 같습니다. 배송 시간을 30% 이상 단축하려고 하는데, 이를 위해서는 일처리가 빠른 인공지능과 로봇이 사람을 대체할 수밖에 없겠죠.

아마존의 매출액은 커지고, 소비자도 손해 볼 것 없겠지만, 그렇다면, 이런 과정 속에서 수익은 어디로 가게 될까요? 기업의 부가 노동자의 월급으로 분배되는 시스템에서 로봇과 인공지능이 자리하게 된다면 그 부는 소수의 사람들이 독차지하는 '승자 독식 사회'가 됩니다. 자본 소유자의 이익이 증가하고, 노동자에게 돌아가는 소득분배는 줄어드니, 소득불평등은 더욱

세계 부자 순위(그림 32)

커지겠죠. 옆의 동영상을 보면 아마존의 창업자 제프 베조스의 재산이 어떻게 증가되는지 확인할 수 있습니다. 전반적인 부의 편중이 얼마나 심화되는지 잘 알 수 있습니다.

인공지능 기술의 발전은 지능화, 자동화, 자율화를 가속화시키고 생산성과 품질

> 인공지능은 경제 양극화와 사회 양극화를 가속화시킵니다. 어떻게 해결할 수 있을까요?

을 향상시킵니다. 단순한 반복 업무는 가장 먼저 인공지능에게 대체될 것입니다. 이런 과정 속에서 계층 간의 단절은 심화될 것입니다. 더 나아가 인간 간의 교류가 줄어들게 돼, 인간과의 교류를 통해 자연스럽게 형성되는 인성, 도덕성, 윤리 등은 찾아보기 힘들게 됩니다. 인공지능이 가져올 경제, 사회 문제는 관계의 고립과 붕괴를 가져올 수도 있습니다. 인공지능 기술이 우리의 삶에 침투될 때 마냥 긍정적인 것만 생각하는 것을 피해야 하

는 이유입니다.

▷ 내가 선택하는 걸까, 선택당하는 걸까?

유튜브와 페이스북은 전 세계 사람들이 가장 많이 사용하는 소셜미디어지만, 동시에 가짜 뉴스를 확산시키는 주범이기도 합니다. 2020년 10월 미국의 트럼프 대통령이 코로나19에 걸렸다는 뉴스가 나오자 유튜브는 이와 관련한 가짜 뉴스가 넘쳤죠. 꾀병이다, 당시 경쟁자였던 민주당의 바이든 후보가 일부러 감염시켰다 등 별의별 소문이 나돌았습니다.

인공지능이 가져올 위험에 대해서 얘기하는데 왜 유튜브 이야기냐고요? 유튜브든 페이스북이든 소셜미디어는 모두 인공지능 알고리즘이 적용돼있습니다. 이 알고리즘에 따라 유튜브는 추천 동영상을 통해 '당신은 이 동영상을 좋아할 거예요' 하며 말을 걸죠. 쉽게 말하면 소셜미디어가 갖고 있는 인공지능 추천 알고리즘 때문에 내 유튜브 창에 뜨는 동영상 목록은 다른 사람의 그것과 전혀 다르답니다.

내가 무엇을 보느냐에 따라 소셜미디어는 나의 성향을 파악해서 내가 가장 좋아할 만한 글이나 영상을 추천해서 보여준다? 사실 사용자가 좋아할 만한 콘텐츠를 추천하는 것은 좋은 것 아닌가요? 이런 것을 개인화서비스라고 하는데요. 개인마다 좋아하는 콘텐츠가 다르기 때문에 개인이 좋아하는 콘텐츠를 알아서 보여주는 것은 매우 훌륭한 서비스라고 볼 수 있죠. 내가 굳이 귀찮게 돌아다니지 않아도 알아서 척척 서비스를 해주니 얼마나 좋을까요?

그런데 이러한 서비스는 동시에 매우 위험할 수도 있습니다. 여러분들은 영상을 좋아하니 제가 영상 하나를 추천할게요. 넷플릭스에 〈소셜딜레마〉란 다큐멘터리가 있습니다. 혹시 넷플릭스를 구독하시는 독자 여러분은 이 다큐멘터리를 꼭 보시기 바랍니다. 이 다큐멘터리는 소셜미디어에 재직했었던 사람들과 전

다큐멘터리 〈소셜딜레마〉는 소셜미디어가 갖는 위험성을 적나라하게 드러냅니다.

문가들이 소셜미디어가 어떻게 사용자를 중독시키는지 진술합니다. 소셜미디어 기업이 사용자들의 성향과 사용 행위를 파악해서, 가능한 한 더 오래 사용하게 만들어서 이를 통해 수익을 가져간다는 내용이 인터뷰를 통해 담겨있죠. 이렇게 글로 써놓으니 별문제 아닌 것처럼 보입니다. "당연히 기업은 사람들이 자사의 서비스를 오래 사용하게 해야지 무슨 소리야"라고 말할 것 같습니다.

이런 예를 들어볼까요? 게임회사는 사람들이 자사의 게임을 많이 하게 만들죠. 그래야 돈을 벌 테니까요. 게임을 많이 하게 하려면 게이머가 게임에 몰입하게 만들어야겠죠. 그런데 말이 몰입이지, 이것을 달리 표현하면 중독이죠. 그렇다면 게임회

사는 그들의 고객인 게이머가 몰입을 하게 만들까요, 아니면 몰입을 해서 중독이 되면 안 되니까 몰입이 덜 되게 만들까요? 당연히 어떻게든 몰입이 되게 만들려고 노력하겠죠? 그래서 게임은 '게임물관리위원회', '게임콘텐츠등급분류위원회', '한국게임정책자율기구'등 다양한 규제 또는 심의 기구를 만들어서 게임이 사회적 문제가 되는 것을 방지하는 노력을 하고 있습니다.

게임회사와 같이 소셜미디어 회사 역시 사용자가 자사의 소셜미디어를 많이 사용하게끔 만듭니다. 어떻게든 자사의 소셜미디어에 머물며 포스팅도 하고, 다른 콘텐츠도 보게끔 만들죠. 체류 시간이 길면 길수록 회사는 돈을 법니다. 왜냐하면 곳곳에 광고가 (숨어)있고 우리도 모르게 광고에 노출되기 때문입니다. 우리는 이런 소셜미디어를 공짜로 이용하는 것 같지만, 사실 사용자는 광고를 보는 행위를 통해 정당한 지불을 한 것입니다. 그런데 여기에는 드러나지 않은 많은 문제점이 숨어있습니다.

소셜미디어사가 사용자의 데이터를 활용해서 중독에 빠지게끔 만드는 것이죠. 게임처럼 드러나지 않아 사회문제가 되지 않았지만 실제로 많은 사람들이 소셜미디어 중독 때문에 고통 받고 있습니다. 이 과정 속에 무시무시한 소셜미디어사의 의도가 숨어있습니다.

먼저 기업은 사용자 데이터를 무분별하게 수집하고 관리합니다. 특정 동영상을 얼마나 봤는지, 언제 봤는지, 유사한 동영상을 봤는지 등 사용자의 다양한 정보를 수집합니다. 그리고 이 데이터를 바탕으로 사용자들이 더 자주 그리고 오래 머물도록 유도합니다. 개발자, 심리학자, 데이터 과학자, UX 전문가 등이 모여서 사용자가 몰입할 수 있도록(그래서 중독되도록) 만듭니다. 마치, 게임처럼, 도박처럼 말이죠. 이러한 과정을 통해서 개인형 광고라는 이름으로 특정 개인에게 적절한 광고를 제공해 수익을 극대화하죠.

광고는 꼭 상품이나 서비스에 한정되지 않습니다. 선거에 활용되기도 하고, 정치 메시지를 전달하기도 합니다. 선전, 선동에 필요하거나, 경제적, 사회적 이슈가 될 수 있는 그 어느 것도 이에 속할 수 있습니다. 그 대표적인 예가 도널드 트럼프 전 미국 대통령입니다. 그는 가짜 뉴스 때문에 대통령이 됐다는 불명예를 안기도 했는데요. 폴 호너라는 뉴스 제작자가 '버락 오바마 전 대통령은 게이 또는 이슬람 극단주의 신봉자다', '트럼프 반대 시위자가 수천 달러를 받았다'와 같은 가짜 뉴스를 만들어 소셜미디어에 뿌렸는데, 그 영향력이 너무나 컸습니다(Silber, 2017.09.27). '소셜 딜레마'에 따르면 가짜 뉴스가 진짜 뉴스보다 6배나 더 빨리 전파되고, 이렇게 전달된 뉴스는 광고 경쟁을 일으켜서 큰 수익을 만든다고 합니다. 물론 이 모든 과정에 인공지능의 추천 알고리즘이 적용되겠죠.

소셜미디어사가 '악의 집단'이라고 주장하는 것은 아닙니다.

그러나 인공지능이 소셜미디어에 적용됨으로써 잘못된 정보를 전파하고, 그로 인해 분열과 사회불신, 공공이익을 해하는 결과를 초래한다면 이에 대한 피해는 인간이 고스란히 지게 된다는 것을 잊지 말아야 할 것입니다.

▷ 윤리 가이드라인으로 인공지능 문제를 해결할 수 있을까?

그래서 전 세계 각국은 인공지능의 부작용을 방지하기 위한 노력도 함께 기울이고 있습니다. 그 대표적인 예가 '윤리 가이드라인'입니다. 인공지능과 관련된 최초의 윤리 가이드라인은 1950년에 아시모프가 쓴 《아이, 로봇(I, Robot)》이란 책에서 출발한 '아시모프의 로봇 원칙'입니다. 로봇 원칙임에도 이것을 인공지능과 관련된 대표적 윤리 가이드라인이라고 말한 이유는 로봇은 결국 인공지능 기술이 적용될 수밖에 없기 때문입니다.

《로봇, 너 때는 말이야》 책에서 더 자세히 설명하겠지만, 이제까지 만들어진 로봇이 명령에 따라 움직이는 시뮬레이션화된 로봇이었다면, 4차 산업혁명 시대에 우리 주변에서 함께 할 로봇은 자율성을 가진 로봇입니다. 자율성은 지능과 관계가 있습니다. 자연스럽게 인공지능과 연계됨을 알 수 있죠. 어느 정도의 인공지능 기술을 움직이는 기계에 설치함으로써 '자율적인' 로봇으로 만들 수 있습니다. 그렇다면 문제가 발생하게 되죠. 어느 정도의 인공지능이 적절할까요? 만일 기술이 가능하다면, 인간과 같은 지능을 부여해도 될까요? 아니면 그 이상의 지능을 로봇에게 부여할 수 있다면 그렇게 많은 자율성을 부여해도 괜찮은 걸까요? 그래서 인공지능과 로봇은 떼려야 뗄 수 없는 관계이고 인공지능의 문제는 곧 로봇의 문제이기도 한 것입니다.

이후 2017년부터는 인공지능에 관한 구체적인 가이드라인이 제시되기 시작했습니다. 미국에서는 인공지능 전문가들이 모여 '아실로마 인공지능 원칙'을 발표했습니다. 국가적 차원은 아니지만, 스티븐 호킹과 일론 머스크, 래리 페이지 등 인공지능 연구자와 기업인들이 이 23개의 원칙에 서명함으로써 현장에서 인공지능을 개발하는 데 주요한 원칙으로 참고될 것으로 보입니다. 반면, EU는 2019년 4월 '신뢰할 수 있는 인공지능 윤리 가이드라인'을 세계 최초로 국제기구 차원에서 공표했습니다. 이어서 OECD는 2017년 인공지능 알고리즘에 관한 정책 방향을 제시한 후, 2019년 5월 '인공지능 권고안'을 공식 채택했습니다. 민간 영역에 이어 국제기구에서 인공지능 활용에 대한 원칙을 천명함으로써 더 강력한 힘을 갖게 되겠죠.

각 나라와 국제기구는 조금씩은 다르지만 인공지능을 올바로 사용하기 위한 대원칙은 공유하고 있는데, 핵심은 바로 인간에게 해를 끼쳐서는 안 된다는 점입니다. 신뢰 가능한 인공지능 개발 구현을 위해 인간 중심과 공공성을 강조하고 있습니다. 만일 모든 나라와 기업이 이 원칙대로 인공지능을 개발한다면 영

EU와 OECD의 인공지능 윤리 가이드라인 요약(도표 7)

주체	구성요소	세부내용
EU	적법성(Lawful)	모든 관련 법률 및 규정을 준수하고 합법적이어야 함
	윤리성(Ethical)	윤리적 원칙과 가치에 순응해야 함
	견고성(Robust)	좋은 의도로 설계된 AI 시스템도 의도치 않은 부작용이 있을 수 있으므로 기술적, 사회적으로 견고해야 함
OECD	포용 및 지속 가능	모든 이해관계자는 인류의 포용 성장, 지속 가능한 발전 및 복지 증진에 힘써야 함
	인간 중심	AI 활동주체는 AI 시스템 수명주기 전반에 걸쳐 법률 인권 및 민주적 가치 등 인간중심 가치를 존중하고 지키기 위해 힘써야 함
	투명성 및 설명 가능성	AI 활동주체는 AI 시스템에 대한 이해를 증진시키고 감춰진 것이 없도록 투명성과 설명 가능성을 확보해야 함
	견고성 및 안전성	AI 시스템은 전 수명주기에 걸쳐 견고하게 작동돼야 하며 바람직하지 못한 조건을 견딜 수 있거나 극복할 수 있어야 함
	책임 완수	AI 활동주체는 자신들의 역할, 상황의 토대 위에 최신성을 유지하면서 위의 원칙을 존중하며 AI 시스템이 적절히 기능하도록 하는 데 책임을 다해야 함

화 〈터미네이터〉와 같은 끔찍한 미래는 오지 않겠죠?

끔찍한 미래를 막기 위해서 가장 중요한 것은 실천입니다. 우리들이 지속적이며 엄격한 감시·감독을 해야 합니다. 기업은 이익을 추구하고, 국가는 국가 경쟁력을 위해 언제라도 이 원칙을 무시하거나 악용할 수 있습니다. 따라서 측정 가능한 지표를 만들고, 감시 감독 기구를 통해 기업과 국가가 이 원칙을 잘 지키고 있는지 확인해야 합니다. MZ 세대 여러분들이 4차 산업 혁명 시대의 주인공으로 더 밝은 미래를 만들기 위해 함께 힘을 모아봅시다.

인공지능 전문가가
되고 싶다면?

▷ 노래방론을 기억하라

인공지능이 적용된 다양한 사례와 인공지능이 변화시킨 세상을 알아보니, 인공지능 전문가가 되고 싶은 생각이 마구 들지 않나요? 이제는 인공지능 전문가가 되는 길을 말씀드릴 시간이 된 것 같네요. 그런데 인공지능 전문가가 되는 방법을 알려드리기 전에 먼저 해야 할 말이 있습니다. 어쩌면 지금 드리는 이 말이 더 중요하고, 이 책을 쓰는 이유이며, 핵심일 수 있을 것 같습니다.

인공지능 기술을 배우든, 빅 데이터를 배우든 중요한 것은 이러한 것을 어떤 일을 하는 데 사용할 것인가 하는 목적이 뚜렷하게 있어야 합니다. 물론 수학과 물리학 등 기초 학문을 배우듯, 인공지능의 가장 기본적인 기술을 배울 수도 있습니다. 그러나 이 책을 보는 독자 여러분 모두가 기초 과학자가 되지는 않을 것이기에 먼저 무슨 일을 하며 살까 하는 고민에 대한 하나의 방안을 제시하려고 합니다.

지난 20여 년간 공부하고, 학생들과 면담하며 정리한 저만의 방안이 있는데 이름하여 '노래방론'입니다.

여러분은 친구들과 노래방에 가서 어떤 기준으로 노래를 선택하나요? 어떤 친구는 좋아하는 노래를 고르고, 어떤 친구는 잘하는 노래를 고르죠. 어떤 친구는 100위 안에 있는 노래 중에 고르기도 하고, 때로는 좋아하지도 잘하지도 않는데 분위기에 맞춰 노래를 고르기도 하죠.

이처럼 제각각인 노래를 고르는 방식 중에 저는 1. 좋아하는 노래를 먼저 고르고, 그중에서 2. 잘하는 노래를 고르고, 그리고 그중에서도 함께 있는 사람들과 같은 3. 환경적 요소를 고려한 노래를 고르라고 말합니다. 이제 이 '노래방론'을 여러분이 무엇을 하며 살까 하는 고민에 대입시켜 봅시다.

노트를 편 후에, 여러분이 무엇을 하면 가장 좋고 행복한지 적어보시기 바랍니다. 생각 같아서는 수십 개가 나올 것 같지만 그리 많지 않다는 것을 알게 될 겁니다. 우리 학생들을 보니 많

'노래방론'에 따라 여러분이 무슨 일을 하며 살면 좋을지 선택해보세요(그림 33)

아야 30개 정도 쓰는 것 같더군요. 자 좋아하는 것을 적었으니, 이제 이 중에서 내가 잘하는 것을 골라볼까요? 내가 좋아하는 것 중에서 잘하는 것에 동그라미를 쳐보세요. 이렇게 동그라미 친 것은 여러분이 앞으로 인생을 살면서 직업과 관련해서 선택했을 때 적어도 외적 환경과 맞춰보지는 않았지만, 나에 관해서는 가장 적합한 일이라고 볼 수 있습니다.

그렇다면 이제 외적 환경도 생각해야겠죠. 내가 좋아하는 노래 중에 잘하는 노래를 선택했는데 노래방 기계에 없다면 그 노래는 부를 수 없겠죠. 내가 좋아하는 노래 중에 잘하는 노래를 선택했는데 함께 있는 친구들이 뭐 그딴 노래를 부르냐고 핀잔주거나 방해하면 노래를 부르기가 민망하겠죠. 즉 좋아하는 노래와 잘하는 노래는 나에 관한 것이고, 노래방 기기나 노래를 부르는 당시 분위기는 외부 환경에 대한 것입니다. '노래방론'은 나를 먼저 이해하고, 나와 외부 환경과의 접점을 찾은 후 그 가운데 가장 적합한 것을 찾는 과정입니다. 외부 환경은 다양합니다. 자본주의라는 거대 경제 담론일 수도 있고, 우리 집은 여유가 없으니 내가 빨리 직장에 들어가서 돈을 벌어야 하는 것과 같은 집안 사정일 수도 있습니다. 대학에 다니고 있다면 현재 내가 다니고 있는 학과도 환경요인 중에 하나죠. 영상 촬영을 하는 것을 좋아하고, 잘하는데 법학과를 다니고 있다면 뭔가 부조화된 환경에 있는 것이니까요. 자, 그러면 이제부터 구체적인 예를 들어보겠습니다.

저는 대학에서 철학을 전공했습니다. 철학이라는 학문은 매우 매력적입니다. 앎의 즐거움은 비할 데가 없었죠. 저는 또한 연극반에서 연극을 하기도 했습니다. 연극을 하며 사는 것을 생각하기도 했죠. 그런데 큰 고민 없이 철학을 공부하거나 연극배우가 되는 것을 포기했습니다. 이유는 이 두 개의 직종이 돈을 버는 것과는 먼 직업이었기 때문이었습니다. 저는 경제적 어려움 없이 내 삶을 살 수 있는 직업을 갖고 싶었습니다. 그래서 생각한 것이 기자나 PD가 되는 것이었습니다. 잘은 몰랐지만, 이두 직종이 즐겁고, 잘할 수도 있으며, 행복한 삶을 살 수 있는 것으로 생각했죠.

물론 대학을 다니던 때에 제가 '노래방론'에 따라 미래를 선택한 것은 아닙니다. '노래방론'을 제가 직업을 선택하는 과정에 적용시켜 보니 이렇게 맞아떨어졌구나 생각한 것입니다. 결국 저는 앎의 즐거움을 누리면서도, 제가 가진 능력 중에 그나마 조금 낫다는 말하기와 관련된 직업을 선택하게 됐습니다. 게다가 소득과 사회적 지위, 부모님과 가족의 만족도 등 외적 환경도 뛰어나니 저는 제 직업에 대한 만족도가 매우 높습니다. 그래서 저는 교수라는 직업을 제 소명으로 생각하고 오늘도 이렇게 글을 쓰고, 책을 읽으며, 학생들을 가르치며 하루를 보내고 있습니다. 물론 행복한 하루를 말이죠.

여러분은 어떤가요? 미래에 무엇을 하고 싶다는 목표가 분명한가요? 현 직장에 만족하나요? 학교에 있든, 회사를 다니든, '노래방론'에 따라 자신의 인생을 한번 그려보시죠.

▷ 인공지능은 '미래의 언어'

인공지능 전문가를 얘기하기 위해 '노래방론'을 배웠으니 이제 다시 인공지능 전문가가 되는 길을 알아볼까요? 인공지능은 특정 영역의 전유물이 아닙니다. 여러분이 무슨 일을 하든지 인공지능 기술은 디지털 트랜스포메이션 과정에서 필연적으로 적용될 것입니다. 특히 그 분야가 시장이 넓고, 비용이 많이 든다면 제일 먼저 적용이 될 것입니다. 왜냐하면 기업은 이익을 극대화하기 위해 어떤 기술이든 활용할 준비가 돼있거든요.

여러분의 꿈이 무엇인지 알았다면 이제 어떻게 인공지능 기술을 그 분야에 적용할지 고민하시면 됩니다. 먼저 일반적인 이야기부터 시작하겠습니다. 인공지능 전문가가 되기 위해서 가장 중요한 것은 인간에 대한 이해입니다. 인공지능은 말 그대로 인공적인 지능, 즉 인간이 생각하고 판단하는 것을 기계가 하게 끔 만드는 것입니다. 따라서 인간에 대한 충분한 이해를 했을 경우에만, 인간과 같이 생각하고 판단하는 그리고 인간을 위한 알고리즘을 만들 수 있습니다. 저는 현재 우리 인공지능 관련 학문 분야가 가진 가장 큰 문제점이 바로 이러한 인문학적 가치를 도외시한 채 그저 프로그래밍을 가르치는 것이라고 생각합니다. 단지 코딩을 하는 전문가를 만드는 것이 프로그래밍 교육의 목적이 돼서는 안 됩니다. 게다가 인공지능이라는 고차원적 기술을 활용하기 위해서는 인간에 대한 이해를 목적으로 하는 심리학, 커뮤니케이션학, 뇌인지과학 등에 대한 학문 분야를 기반으로 해야 합니다.

지난 2018년 미국의 MIT 대학은 깜짝 놀랄 발표를 했습니다. 세계적인 명문 공과대학인 MIT는 전공분야를 불문하고, 수학과 물리학, 화학을 전공하는 이과대생이나, 전자과나 산업공학과와 같은 공과대생, 그리고 인류학이나 경제학, 역사학을 전공하는 인문대생 등 모든 학생에게 인공지능 교육을 실시한다고 선언했습니다. 인공지능은 '미래의 언어'라고 정의를 하고 모든 학생이 자신의 언어(전공)에 더해서 인공지능이라는 언어를 함께 배워야 한다고 말했죠. MIT뿐만 아닙니다. 스탠퍼드 대학은 전공에 상관없이 모든 학생이 딥 러닝 등 인공지능 관련 과목을 수강할 수 있게 커리큘럼을 만들었습니다. 이러한 시도는 미국 뿐만 아니라 유럽, 중국 등 세계 각국에서 시도되고 있습니다.

인공지능은 인간과 같이 기계가 스스로 학습할 수 있는 알고리즘을 만들어야 하기 때문에 심리학과 같은 인간에 대한 이해가 기반이 된 후에야 비로소 수학, 공학, 신경생리학, 로봇과 같은 응용분야에 적용해야 합니다. 이를 위해서는 방대한 데이터를 처리하고 학습을 통해 계산할 수 있는 하드웨어와 소프트웨어가 필요합니다. 우리 인간은 1 더하기 1은 2라는 학습을 통해 120 더하기 13은 133이라는 계산을 할 수 있습니다. 고양이를 보면 고양이라고 판단할 수 있고, 개를 보면 개라는 것을 알 수 있죠.

그러나 기계에게는 이 모든 것을 일일이 학습을 시켜야 합니다. 학습을 시켜야 하기 때문에 학습 자료가 있어야겠죠. 그래서 질 좋은 데이터가 많으면 많을수록 질 좋은 알고리즘이 만들어질 수 있습니다. 언제부터인가 빅 데이터, 빅 데이터 하며 데이터를 강조한 이유도 빅 데이터가 그 자체로도 의미가 있지만 이렇게 인공지능 알고리즘을 만드는 데 필수적이기 때문입니다. 양질의 데이터가 많으면 많을수록, 그리고 이러한 데이터를 효율적으로 분석하는 알고리즘을 잘 만들수록 인공지능 기술은 뛰어나지게 됩니다. 이게 바로 인공지능의 원천기술이 됩니다.

그런데 첫 부분에 말했지만 우리가 원하는 인공지능 기술은 결국 어떤 분야에서 활용하기 위해 만들어집니다. Part 2와 3에서 다양한 예를 통해 설명했듯이, 인공지능은 너무나 많은 분야에서 활용되고 있죠. 음성을 인식하고, 물체를 구분하며, 생리데이터를 분석하고, 감정도 판단합니다. 게다가 알고리즘의 수준이 계속 올라가면, 그래서 인간의 수준까지 올라가면 실수를 하지 않는 인간 이상의 판단이 가능합니다. 인간미라고 좋게 표현할 수도 있는 인간의 실수를 배제하니 자본주의 경제에서 지고지순한 가치로 삼는 효율성이 극대화됩니다. 인간의 일자리를 뺏는다는 우려가 나올 만도 하죠. 인공지능 기술은 그 자체로 의미가 있다기보다 어떤 영역에 적용돼서 어떤 결과를 가져오느냐가 더 중요합니다. 그래서 여러분은 여러분이 좋아하고 잘하는 분야를 먼저 선택한 후에 인공지능 기술을 적용하는 과정을 거치기를 바랍니다.

▶ 세상 모든 것에 적용되는 인공지능

2019년 한국대학교육협의회가 공개한 대학정보공시 자료를 보면 우리나라에는 224개의 4년제 대학이 있습니다. 그리고 대부분의 대학에는 언어와 문학과 관련된 어문학 계열학과를 두고 있죠. 국어국문학과, 영어학과 등이 이에 속합니다. 그렇다면 이런 어문계열 학과도 인공지능과 관련이 있을까요?

물론입니다. 그것도 아주 많습니다. 인공지능 기술 중에 언어 이해 기술 분야가 있습니다. 인간의 언어를 분석하는 자연어 처리 분야, 인간이 커뮤니케이션하는 질의응답 기술, 디지털 음성 신호를 처리하는 음성처리 기술, 국어를 영어나 중국어로 번역하는 자동 통번역 기술 등 인문학 분야에서도 가장 전통적인 어문학 계열에서도 인공지능 기술은 매우 중요한 역할을 합니다.

영상 분야에 관심이 있는 친구들은 이미 《미디어, 너 때는 말이야》와 《가상현실, 너 때는 말이야》에서 봤겠지만, 웬만한 영상 편집은 인공지능이 아주 자연스럽게 처리하고 있습니다. 더 나아가 지금은 스포츠 중계방송의 카메라 촬영을 인공지능이 할 정도입니다. 야구나 농구 등 수십 명의 카메라 중계팀이 필요 없게 될 날도 머지않았습니다.

대부분의 분야에서 추론과 결정은 필연적이죠. 추론과 결정이라고 하니까 어렵게 들리는데, 쉽게 말하면 오늘 점심은 돈가스를 먹을까 냉면을 먹을까 결정하는 것을 말합니다. 여러분은 *꼬깔콘*이라는 과자를 좋아하시나요? 식품산업통계정보에서 조사한 자료에 따르면 2019년 우리나라에서 가장 많이 팔린 과자는 1위 빼빼로(982억 원), 2위 홈런볼(835억 원), 그리고 3위는 *꼬깔콘*(818억 원)이었습니다(이승아, 2020.10.20). 여러분이 *꼬깔콘* 제품 담당자라면 *꼬깔콘*을 내년에 1위로 만들기 위해 어떤 노력을 하겠습니까?

인공지능 기술을 과자에 적용한 사례를 설명하는 IBM 데이터 사이언티스트

롯데제과는 이를 위해 IBM 왓슨이라는 인공지능 기술을 도입했습니다. 왓슨은 트렌드 예측 시스템인 엘시아(LCIA: Lotte Confectionary Intelligence Advisor)를 만들어 SNS 게시물과 POS 판매데이터, 날씨, 연령, 소비자 유형 등의 데이터를 추출하고 분석해서 이를 통해 특정 소비자 유형에 맞는 상품을 개발했습니다(글 쓰는 몽글c, 2020.04.20). 소셜미디어의 데이터와 거래 데이터를 활용해 소비자에게 맞는 맛을 찾아낸 것이죠. 뿐만 아니라 엘시아가 추천한 신제품 판매 시 3개월 후 8주간의 예상 수요량을 미리 알아볼 수 있었습니다. 그래서 만든 과자가 꼬깔콘 버팔로 윙 맛인데 이 과자는 혼자 맥주를 즐기는 사람을 겨냥해서 만들어 두 달 만에 100만 개를 판매했습니다. 1위를 수성해야 하는 빼빼로도 가만히 있을 수 없겠죠. 그래서 초콜릿을 좋아하는 젊은 층이 선호하는 맛으로 카카오닙스, 깔라만시 등의 맛이 담긴 빼빼로를 만들었습니다. 40대 이상을 겨냥해서 만든 앙빠(앙금 빠다코코넛)는 출시 후 3개월 동안 매출이 30%나 증가했다고 합니다.

이렇게 인공지능은 그동안 인간의 독보적 영역이었던 추론과 결정을 대신함으로써 더욱 뛰어난 결과를 가져오기도 합니다. 여러분이 무슨 일을 하건, 여러분이 가장 좋아하고 잘하는

일을 먼저 결정한 후에 인공지능 기술을 적용하라는 의미를 파악하셨나요? 여러분은 무슨 일을 할지 결정하시면 됩니다. 그리고 그 분야에서 뛰어난 성과를 가져오기 위해서 인공지능 기술을 적용하면 되는 것이죠.

▶ 인간을 이해하고 기술을 배운다면, 두려울 미래는 없다!

인공지능에 대한 무분별한 예측이 넘칩니다. 그러다 보니 영화 〈터미네이터〉가 그리는 미래를 두려워하기도 하죠. 그런 일이 벌어질지는 모르지만, 현재 우리가 해야 할 일은 이러한 두려움에 빠져 미래를 걱정하기보다 더 나은 미래를 만들기 위해 노력하는 것입니다. 물론 그럼에도 불구하고 인공지능으로 인해서 우려되는 것은 많이 있습니다. 그중에서 인공지능과 로봇으로 인해 많은 직업이 대체될 것이라는 예측은 그래도 타당하게 들리는 것 같습니다. 앞서 든 수많은 사례들은 결국 인간의 노동력을 대체한다는 점에서 우려를 자아내죠.

그러나 직업을 대체한다고 해서 이에 대해 과민하게 반응할 필요는 없습니다. 예측 가능한 한도 내에서 피할 것은 피하고 진행할 것은 진행하면 됩니다. 예를 들어볼까요? 인공지능이 대체하기 가장 좋은 업무는 패턴화돼있는 단순 반복 업무입니다. 그래서 숫자를 다루는 회계사는 자동화로 인한 대체 확률이 매우 높습니다. 지금은 고액의 연봉을 받는 직종이지만 5년 뒤, 10년 뒤의 미래에도 그럴지 잘 모르겠습니다. 반면에 단지 추론에 의한 판단이 아닌 정치, 경제, 사회 문제 등 때로는 논리적이지만 때로는 정무적인 고난도의 판단을 해야 하는 기업의 CEO 자리는 대체되는 것이 불가능하다고 예측합니다. 대체 가능성이 상대적으로 빠르거나 늦은 직종을 파악하는 것도 미래를 위한 준비일 수 있습니다.

중요한 것은 이러한 대체가 얼마나 빨리 급속하게 이뤄질 것인가에 대해서는 아무도 알 수 없다는 것입니다. 따라서 우리가 어찌할 수 없는 미래에 대한 막연한 걱정을 하기보다는, 분명하게 내가 할 수 있는 일부터 하기 바랍니다. 여러분이 해야 할 일은 먼저 자신이 어떤 사람인지 파악하고, 내가 좋아하고 잘하는 일이 무엇인지 발견한 후에, 나를 둘러싼 환경, 작게는 가정에서 크게는 사회, 경제, 문화, 국제적 환경에 대한 관심을 확장하는 것입니다. 절대 간단한 일이 아닙니다. 더 넓고 깊게 보는 시야가 필요하죠. 너때말 선생님이 《너 때는 말이야》 책을 쓰는 이유도 여러분과 함께 고민을 풀기 위해서입니다.

책을 읽는 것에서 멈추면 안 됩니다. 책은 남이 쓴 정보지, 내 것이 아니기 때문입니다. 내 것으로 체득하기 위한 과정은 무엇보다도 경험입니다. 가능한 많은 경험을 통해 내 것으로 만들어야 합니다. 많은 사람을 만나야 하고, 많은 일을 해봐야 합니다. 그래야 내 머릿속에 있는 생각이 현실화될 수 있습니다. 제가 속한 미디어커뮤니케이션학부에 들어온 신입생들은 2학년이 될 때 대부분 PD나 기자의 꿈을 지웁니다. 고등학교 재학 때 머리로 꾼 꿈이기 때문에 진정으로 자신의 꿈이 아니었음을 알게 됐기 때문이죠.

그런 면에서 여행은 훌륭한 교육입니다. 국내 여행뿐만 아니라 해외여행도 가야 합니다. 다만 그 여행은 리조트에 가서 먹고 마시는 것이 아니라, 세계에서 가장 역동적이고 혁신적으로 움직이는 곳에서 다가오는 미래를 한 발 더 앞서서 볼 수 있는 곳을 다니는 여행이어야 합니다. 미국의 샌프란시스코나 뉴욕, 일본의 도쿄나 중국의 선전, 프랑스 파리, 영국 런던, 싱가포르 등 가장 혁신적인 도시를 방문해서 미래를 직접 경험하시기 바랍니다. 멀리 가기 힘들면 서울도 좋습니다. 우리가 잘 몰라서 그렇지 서울은 세계에서 가장 혁신적인 도시이면서 문화 도시입니다. 로봇 카페도 가고, 무인 매장도 방문해보세요. 가상현실 게임장도 미래를 경험하기 좋은 곳이죠. 이러한 정보는 모두 인터넷에 있습니다. 여러분이 조금만 발품을 팔면 미래를 준비할 수 있는 많은 곳을 우리나라에서도 발견할 수 있습니다.

인공지능 전문가에 대한 얘기를 했는데, 전혀 기대했던 내용이 아니라서 의아할 수도 있을 겁니다. 인공지능 기술은 결국 프로그래밍이기 때문에 매우 전문적입니다. 저는 여러분이 인공지능 전문가가 되기 위한 첫 걸음을 프로그래밍이 아닌 인간으로

부터 시작하기를 바랍니다. 인간에 대한 이해는 심해를 헤매는 데 비해, 프로그래밍 과정은 상대적으로 분명하기 때문에 그나마 더 쉽게 진행할 수 있습니다. 인간에 대한 이해를 바탕으로 기술을 배운다면, 여러분은 더욱 훌륭한 인공지능 전문가가 될 수 있다고 믿습니다.

참고 문헌

PART 1_데이터가 쌓이면, 인공지능이 만든다

1   한국정보화진흥원 (2012.04). 빅 데이터 시대: 에코시스템을 둘러싼 시장경쟁과 전략
    분석. IT & Future Strategy 보고서, 제4호. 〈한국정보화진흥원〉

2   Kurzweil, R. (2005). The Singularity is Near. 김명남 (역) (2007). ≪특이점이 온다≫.
    경기도: 김영사

3   McCrindle, Mark; Wolfinger, Emily (2009). The ABC of XYZ: Understanding the
    Global Generations (1st ed.). Australia. p. 199–212. ISBN 9781742230351. See
    excerpt "Why we named them Gen Alpha".

4   Manyika, J., Chui, M., Brown, B., Bughin, J., Dobbs, R., Roxburgh, C., & Byers, A.
    (2011). Big data: The next frontier for innovation, competition, and productiv-
    ity. McKinsey Global Institute. Retrieved from https://www.mckinsey.com/
    business-functions/mckinsey-digital/our-insights/big-data-the-next-frontier-
    for-innovation

5   Marr, B. (2018). How much data do we create every day? The mind-blowing stats
    everyone should read. Forbes. Retrieved from https://www.forbes.com/sites/
    bernardmarr/2018/05/21/how-much-data-do-we-create-every-day-the-
    mind-blowing-stats-everyone-should-read/?sh=315aa01f60ba

6   Prensky, M. (2001). Digital natives, digital immigrants part 2: Do they really think
    differently?. On the horizon. Retrieved from https://www.emerald.com/
    insight/content/doi/10.1108/10748120110424843/full/pdf?casa_token=_YqZb
    mqFBNQAAAAA:wh4FsEsw21WEn932cwKMmI3_RK7pMuPwZZXdeaw4tb-
    GJ8W8BF2S9UNOp3Xnk9TRp7a5lqleIOw3POS0bZxJkTsQnnPNR9fK27wyijID-
    FEeZv8CH_

7   Russell, S. J., & Norvig, P. (2016). Artificial intelligence: A modern approach. 류광
    (역). ≪인공지능1: 현대적 접근방식≫. 경기도: 제이펍

8   Savitz, E. (2012.10.23.). Next Gartner: Top 10 Strategic Technology Trends
    For 2013. Forbes. Retrieved from https://www.forbes.com/sites/eric-
    savitz/2012/10/23/gartner-top-10-strategic-technology-trends-for-
    2013/?sh=42d72f1db761

9   Schwab, K. (2016). Fourth Industrial Revolution. 송경진 (역). ≪클라우스 슈밥의 제
    4차 산업혁명≫. 서울: 새로운 현재

PART 2_인공지능, 넌 못 하는 게 뭐니?

1   창의성진단연구소 (2021) 창의성이란? 〈한국창의성학회〉. URL: http://www.theacad한
    emyofcreativity.org/lab/institute_for_creativity_assessment_3

2   Mehrabian, A. (1971). Silent messages. Belmont, CA: Wadsworth.

PART 3_인공지능, 하나밖에 못 하지만 그 분야에서는 넘사벽 롱테일 경제학

1   Anderson, C. (2006). The Long Tail: Why the Future of Business Is Selling Less of More. 이노무브그룹 외 (역). ≪롱테일 경제학≫. 서울: 랜덤하우스코리아

2   Suwajanakorn, S., Seitz, S. M., & Kemelmacher-Shlizerman, I. (2017). Synthesizing Obama: learning lip sync from audio. ACM Transactions on Graphics (TOG), 36(4), 1-13.

PART 4_나를 발견하고, 인간을 탐구한 후에 인공지능을 배우자

1   글쓰는 몽글c (2020.04.20.). 맥주와 과자, 그리고 AI. 〈MOBIINSIDE〉. URL: https://www.mobiinside.co.kr/2020/04/20/ai-ber/

2   김예림 (2019.11.30.). 사회성 있는 챗봇 핑퐁…'Make AI Social'. 〈Micro Software〉. URL: https://www.imaso.co.kr/archives/5497

3   문재호 (2020.09.16.). 스캐터랩, 개방형 AI 챗봇 '이루다' 개발… 연말께 페북에 서 비스 예정. 〈AI타임스〉. URL: https://www.aitimes.com/news/articleView.html?idxno=132244

4   박경일 (2020.12.23.). 스캐터랩, 대화형 인공지능 '이루다' 정식출시. 〈로봇신문〉. URL: https://www.irobotnews.com/news/articleView.html?idxno=23395

5   오성탁 (2020). OECD 인공지능 권고안. 〈TTA저널〉, 187호, 26-32

6   이승아 (2020.10.20.). 새우깡·초코파이 제쳤다, 매출 1위한 과자는? 〈조선일보〉. URL: https://news.chosun.com/misaeng/site/data/html_dir/2020/10/20/2020102002365.html

7   Leslie, D. (2019). Understanding Artificial Intelligence Ethics and Safety. The Alan Turing Institute

8   Levin, S. (2016). A beauty contest was judged by AI and the robots didn't like dark skin. The Guardian. Retrieved from https://www.theguardian.com/technology/2016/sep/08/artificial-intelligence-beauty-contest-doesnt-like-black-people

9   Piketty, T. (2013). Capital in the Twenty-First Century. 장경덕 (역) (2014). ≪21세기 자본≫. 경기도: 글항아리

10 Silber, C. (2017.09.27.). Famous fake news writer found dead outside Phoenix. AP News. Retrieved from https://apnews.com/article/dc0728173537459b9a1e-38009dd5c4b5

그림 및 표 출처

그림

그림 1_HTML

그림 2_공공데이터포털(https://www.data.go.kr)

그림 3_우옥션(Woo Auction)

그림 4_자체 제작

그림 5_https://blogs.nvidia.co.kr/2020/08/03/nvidia-fleet-drives-in-the-data-center/

그림 6_셔터스톡 No.793267429

그림 7_셔터스톡 No.787348768

그림 8_셔터스톡 No.1606946266

그림 9_자체 제작

그림 10_https://en.wikipedia.org/wiki/Edmond_de_Belamy

그림 11_https://www.scriptbook.io/#!/

그림 12_자체 제작

그림 13_NVIDIA(https://youtu.be/QKx-eMAVK70)

그림 14_김래아 인스타그램(https://www.instagram.com/reahkeem/)

그림 15_Unreal Engine(https://youtu.be/S3F1vZYpH8c)

그림 16_릴 미켈라 인스타그램(https://www.instagram.com/lilmiquela/)

그림 17_셔터스톡 No.519665761

그림 18_셔터스톡 No.252511228

그림 19_Orbital Insight(https://youtu.be/3UeXj6zqk7I)

그림 20_Picterra(https://youtu.be/usBNR6Hbfgo)

그림 21_자체 제작

그림 22_NVIDIA(https://youtu.be/GiZ7kyrwZGQ)

그림 23_https://www.youtube.com/watch?v=lH2gMNrUuEY

그림 24_DeepMind(https://youtu.be/cUTMhmVh1qs)

그림 25_https://youtu.be/9Yq67CjDqvw

그림 26_셔터스톡 No.627155414

그림 27_연합뉴스(https://www.yna.co.kr/view/AKR20150702004500091)

그림 28_http://beauty.ai